U0225400

2015 CHINA INTERIOR DESIGN ANNUAL

2015 中国室内设计年鉴 （下）

设计家 编

上海科学技术文献出版社
Shanghai Scientific and Technological Literature Press

目录 CONTENTS

办公空间 OFFICE

商业体验空间 COMMERCIAL EXPERIENCE SPACE

地产销售体验中心 THE SALES EXPERIENCE PAVILION OF REAL ESTATE

样板房 SHOWFLAT

文教空间 CULTURE & EDUCATION SPACE

Sky SOHO

凌空SOHO

项目地点：上海
占地面积：86,000m²
总建筑面积：342,500m²
完成时间：2014 年
主设计师：扎哈·哈迪德（Zaha Hadid）

凌空 SOHO 由全球著名建筑师、普利兹克奖获得者扎哈·哈迪德（Zaha Hadid）担纲设计，也是她在上海的第一个建筑设计作品。项目占地 8.6 万余平方米、总建筑面积约 35 万平方米，12 栋建筑被 16 条空中连桥连接成一个空间网络，拥有动感十足的流线型外观以及流动而丰富的空间变化，宛如四列巨型高铁蓄势待发。凌空 SOHO 是继北京的银河 SOHO、望京 SOHO 之后，SOHO 中国与扎哈联手打造的第三个建筑精品。

凌空 SOHO 所在的上海虹桥临空经济园区，毗邻虹桥综合交通枢纽，区域内有超过 800 家企业总部，是连接整个泛长三角地区最具活力和辐射力的国际化商贸总部聚集区。凌空 SOHO 凭借震撼的建筑外形、得天独厚的地理优势，已经成为上海的门户新地标。

与此同时，凌空 SOHO 还是绿色节能建筑的典范，目前已经取得了美国 LEED 金级预认证。为了保证室内空气质量，SOHO 采用了新风过滤系统，办公室内新风的 PM2.5 过滤效果达到 90%，远远超出国家标准，为室内人群提供洁净的空气。凌空 SOHO 在 2 层以上每层的茶水间中，配备 5 层过滤的直饮水，水质达到航天员饮用标准。为了节能减排、降低建筑能耗，凌空 SOHO 还将计划结合 BIM 系统建立全新一代的智能楼宇节能管理系统。

今年 9 月，SOHO 中国宣布将凌空 SOHO 10 万平方米物业出售给携程旅行网，用作其未来业务发展的办公室，交易金额为 30.5 亿元人民币。公司仍持有凌空 SOHO 的剩余面积 12.8 万平方米作为投资物业。此次交易彰显了 SOHO 中国的优质资产组合以及变现能力。同时，携程旅行网的入住将使商业氛围更活跃，有利于凌空 SOHO 余下部分的租赁。

SOHO 中国董事长潘石屹表示：“经过 4 年的努力，凌空 SOHO 终于奇迹般的屹立在上海门户，感谢所有建设者为之付出的辛勤汗水。我们一直非常看好上海市场的发展，今后将继续努力为这座繁华的国际大都市奉献更多的建筑精品。”

01

02

03

04

01 四栋办公楼端部，子弹头般的设计，仿佛象征了高铁列车的火车头
02-03 极富未来感的创新建筑
04 夜幕中的四列高铁，满载着速度与激情
05 广场尽端的景观平台，将地面和下沉广场的活动连接起来
06-07 夜幕下的凌空 SOHO，通体透明

05

06

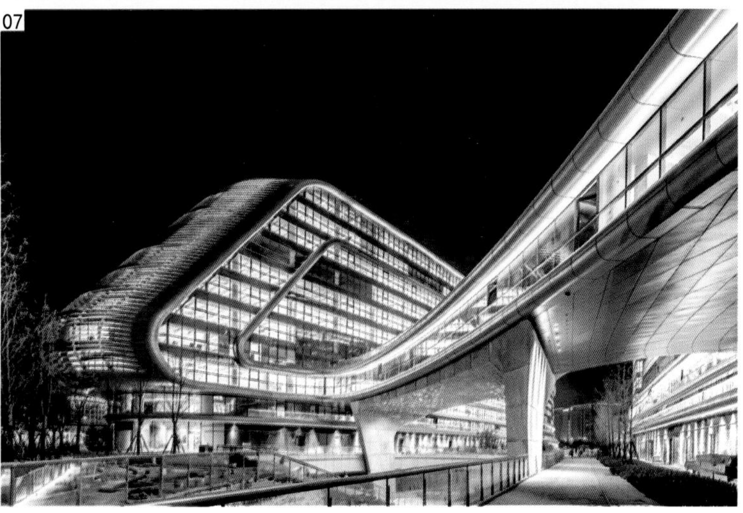
07

08

09

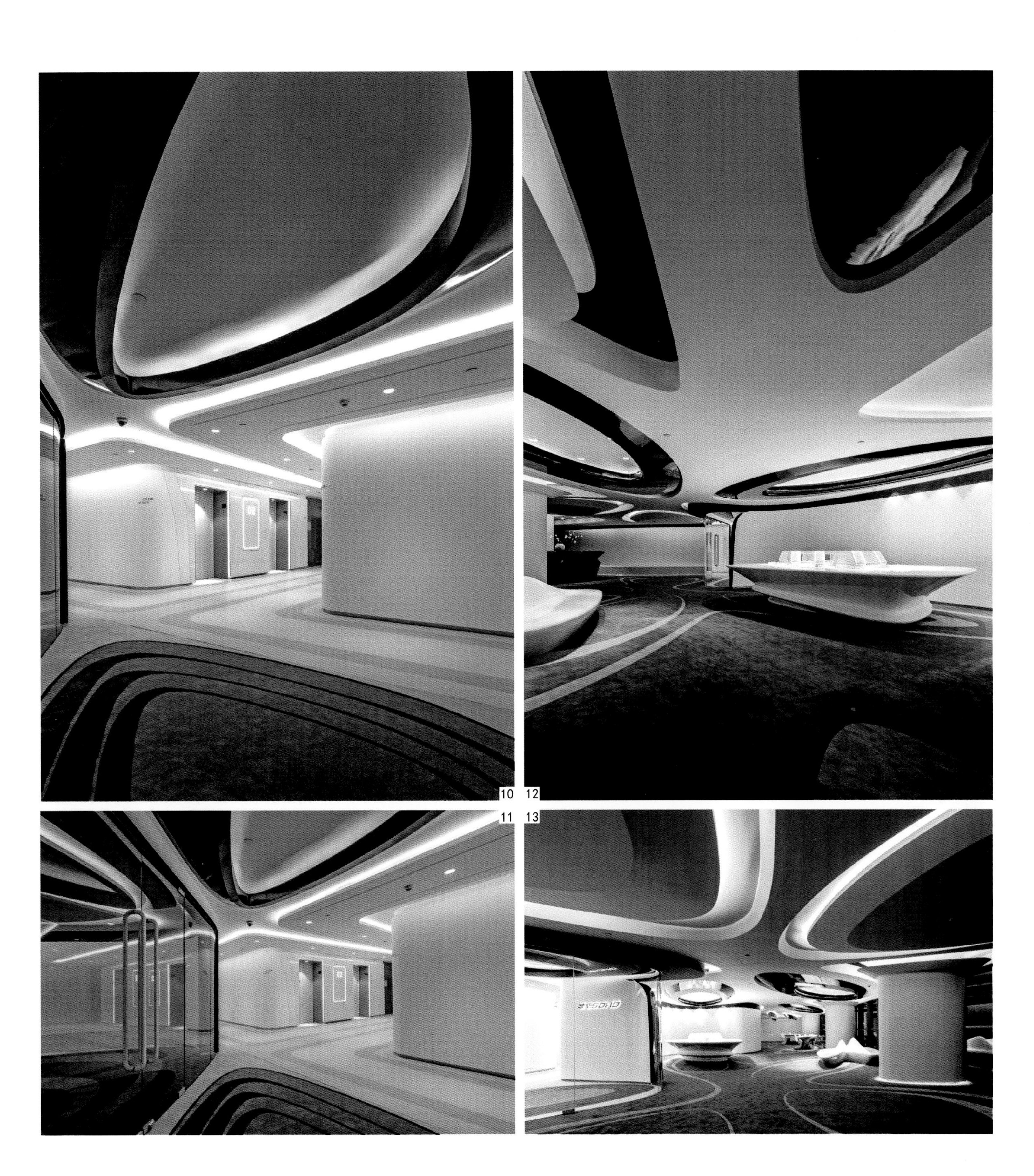

08-09 办公楼大堂
10-12 SOHO 办公样板间

Hanas Head Office

上海哈纳斯新能源集团国金中心总部办公室

项目地点：上海
设计面积：4,500m²
完成时间：2014 年 9 月
设计单位：Studio HBA｜赫室

项目位于上海国金中心二期相连的 53 层和 55 层，设计及施工面积共计 4,500 平方米。

本案通过 IT 程序的配合及生态办公的合理设计，使哈纳斯上海总部办公室和全国所有的哈纳斯办公室及工厂实现了实时对接。多媒体视讯会议室采用极具未来感的设计概念，墙体结构中使用 GRG 材料，充分运用弧线以及合理的造型灯带为客户及来访者提供极具未来感的空间体验。同时，我们在设计过程中和机电顾问充分沟通，通过室内装饰手段将高科技媒体和智能电气化技术完美地融入到整体空间中，控制台的设计则在满足机电顾问所提出技术要求的前提下，延续了“能源流动”的动感造型。

设计通过合理的规划及灵动办公的理念来布局包括多媒体中心、灵活办公位、服务性空间、合作性空间及针对高管阶层的尊贵设施及活动区域。53 层开放办公区的设计采用了整墙喷绘的形式营造出浓厚的企业文化氛围，并使用简洁明快的选材及布局来最大化办公效率。55 层高管层则以沉稳大气为主要风格，通过表面材质、家具选型和艺术品的综合应用来打造现代高端的高管办公环境。

入口处的“能量走道”是针对哈纳斯新能源集团特别设计的展示空间，通过可开启的风车模型、山丘造型的人造石台面和代表能量流动的弧形墙面，旨在给来访客户一个强烈而深刻的企业形象。

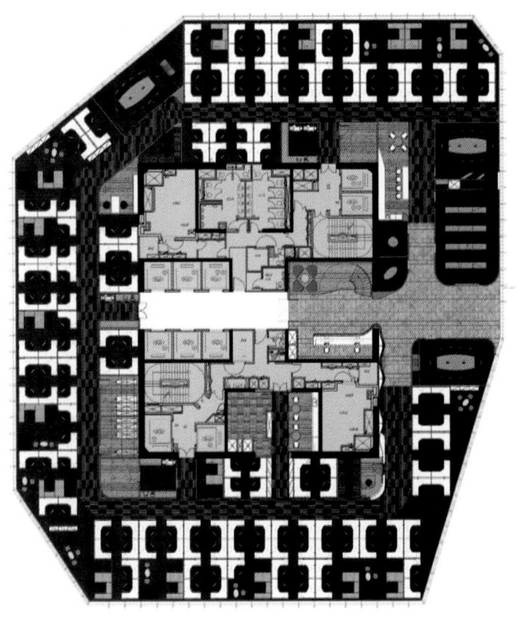

53 层平面图

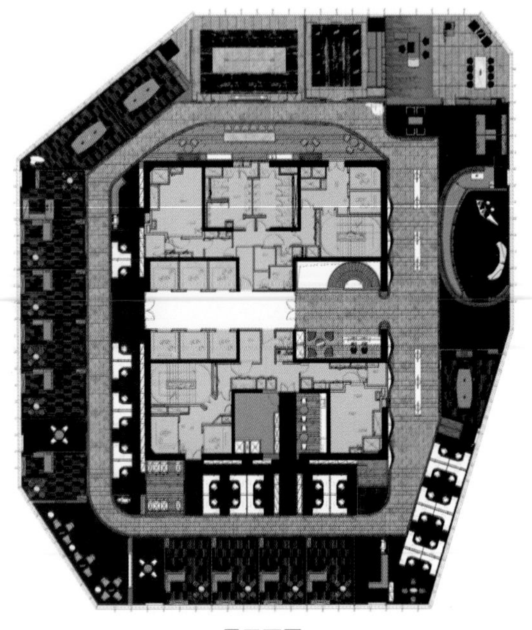

55 层平面图

01

01 入口处的“能量走道”是哈纳斯新能源集团的企业展示空间
02 风车模型、山丘造型的人造石台面、代表能量流动的弧形墙面，旨在给予来访客户一个强烈而深刻的企业印象
03 接待台

02

03

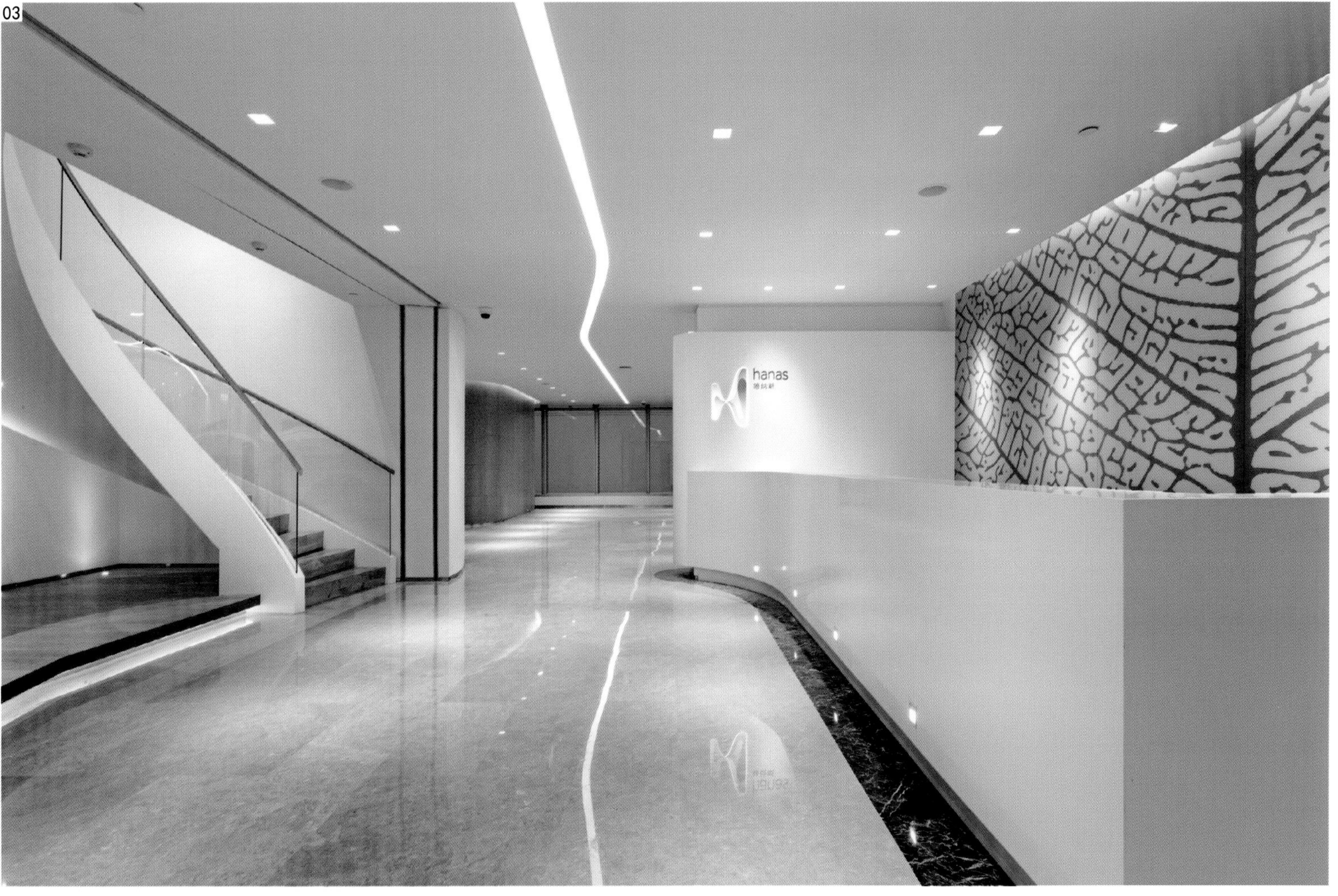

04 05

06 07

04-05 弧线上升造型的楼梯非常具有未来感
06 休息区
07 开放的办公格局适应技术开发和提升效率
08 高管办公室
09 合作洽谈性空间
10 多媒体中心

08

09

10

3NOD Group Headquarter

三诺集团总部办公室

项目地点：深圳
设计面积：8,900m²
完成时间：2014 年 8 月
设计单位：深圳首位环境艺术设计有限公司
主设计师：黄杰雄
主要用材：木饰面、玻璃、大理石、地胶、地毯

本案位于深圳三诺智慧大厦的顶部六层空间。大厦的落成与空间设计的开展期恰逢三诺集团品牌重塑，空间设计的思考与创作因此以“品牌重塑”这一核心命题的解读而展开。

设计师把“新企业品牌的呈现体，新企业文化的孵化器”作为空间的核心定义，试图营造一个人格化的、具“社区感”的办公空间。

一方面，通过主动发掘空间潜力，优化功能布局的逻辑性，因地制宜地进行创造性的空间营造。突破性地在 26 米高的空中大堂勾勒了一条曲折楼梯，愉悦地连接各层空间，通过一系列的创意去营造与三诺＂创想家＂新品牌定义匹配的综合气场。同时，在满足办公功能常规需求的前提下，对办公行为进行了优化及创新设计，争取了更多的非正式交流空间等，冀望以此来塑造一个孕育新集团气质、行为习惯与文化的“孵化空间”。以充满创想的空间营造，弥漫亲和力的氛围编织，激发个体由内而外的尊重感与归属感，促发个体的自我实现意愿。

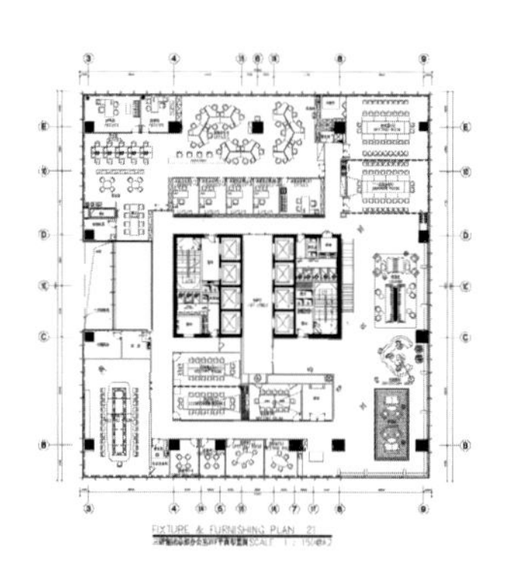

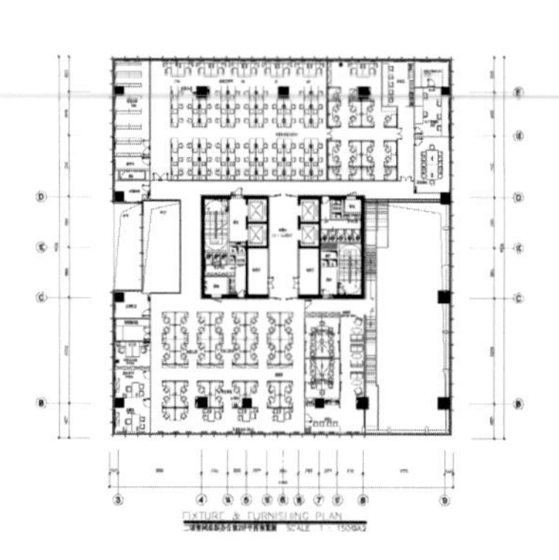

01

01-02 26 米高的大堂，勾勒了一条曲折的楼梯，既连接了空间，也连接了人与人之间的交流、互动

02

03

04

05

06

03 曲折的楼梯愉悦地连接各层空间
04 办公大楼大堂休息接待区
05-06 以 LOGO 为元素创作的装置艺术
07 办公大楼大堂

07

08

09

10

08 开放办公区
09 企业荣誉墙以 LOGO 抽象重组造型而成
10 电梯间
11 开放办公区
12 休闲娱乐区
13 会议室

11

12 13

Genesis in Hongkong

Genesis商厦大堂及创意工作区

项目地点：香港
设计面积：大堂 760m²，四楼创意工作区 1000 m²
设计单位：Stefano Tordiglione Design Ltd
主设计师：Stefano Tordiglione
完成时间：2015 年
摄影师：David Elliott，Kenneth Tam

Genesis 是一座位于香港仔黄竹坑，由工业大厦改建而成的商业大楼。Genesis 于 20 世纪 80 年代初落成，交由 Stefano Tordiglione Design 重新设计其内部。60 年代的创意革命，以及 70 年代的现代主义，都启发了设计师对 Genesis 的设计。Genesis 以创意工业如画廊、艺术家、摄影师等为目标租户，从踏入大厦的入口开始，便可看到设计师的心思，糅合各种元素，确保设计以大厦与人的互动。整个空间设计色彩缤纷，活力十足，整体风格兼具中西动感元素，大堂入口融合欧洲及香港的特色。空间运用了 60 年代常用的三原色彩，满载设计色卡的基本色调，配衬代表着该个时代文化特色的长型波浪沙发，整个设计亦因墙上的简单条纹而生色不少。

请简单介绍一下您在设计中坚持的理念。

Stefano Tordiglione：一直以来，我都追求东西方文化的融合。作为意大利设计师，而业务主要在亚洲，这样的组合让我领略到两地的异同和火花。

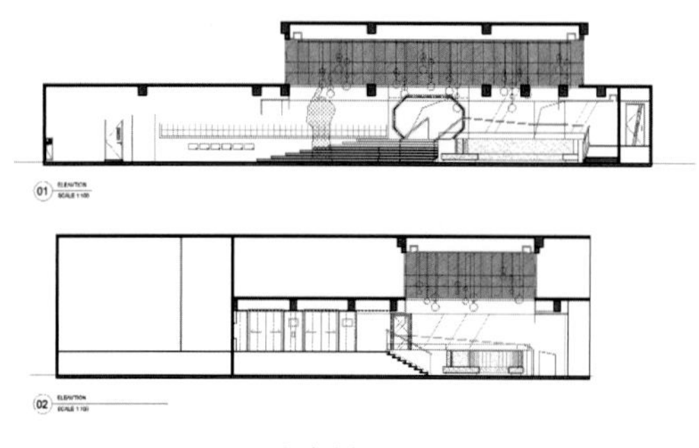

大堂剖面图

客户对 Genesis 项目的设计要求是什么？

Stefano Tordiglione：协成行是香港的一个老牌发展商，对设计有独特的见解。他们希望把这座老建筑重新注入活力，让空间重展生命，所以希望我们的设计更显活泼，有生气。

您设计 Genesis 项目中遇到哪些困难？如何解决的？

Stefano Tordiglione：因为项目原来是旧式工业大厦，楼层很低，加建冷气，喉管等后，楼层高度就更矮了，所以我们决定应用开放式天花，让楼层的高度视觉上有所增加。 另外，装饰设计都集中在空间的中部和底部，让人们的视觉较少留意到天花的影响。

Genesis 项目的设计亮点有哪些？

Stefano Tordiglione：亮点有很多，大堂的手指向天空，灵感来自米开朗基罗在西斯汀礼拜堂的天花壁画，这是对创意的敬礼。霓虹灯做的特色墙展示李小龙的经典名言，激励创意同业保持灵活的心灵。四楼的整体气氛轻快明亮，红色的吊灯灵感来自传统街市的鲜红吊灯——生活的简单元素就是创意意念的来源。

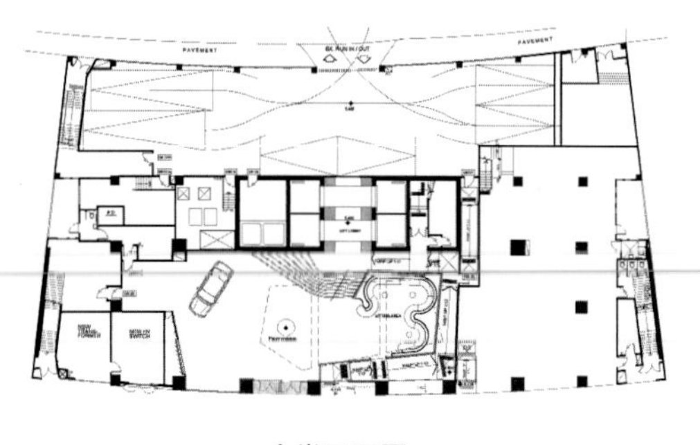

大堂平面图

对于 Genesis 项目这样的老建筑改造，您认为需要注意哪些问题？

Stefano Tordiglione：老建筑改造前，需要好好研究新社区的需求，这样新的设计才能满足新功能的需要。另外，还要了解建筑的结构，无论改造的空间有多大，我们都要确认老建筑能承受这些改动。

您还做过其他一些老建筑改造设计吗？如果有，请介绍一两个主要的改造项目。

Stefano Tordiglione：我们也改造过一间有 40 年楼龄的私宅，本来的空间有 3 个小卧室，新主人是一位艺术收藏家，我们把这个空间改造成一个卧室加大厅的空间，让新主人可以好好展示他的收藏，老建筑也就有了重生的机会。不要贸然拆掉老建筑，

01

02

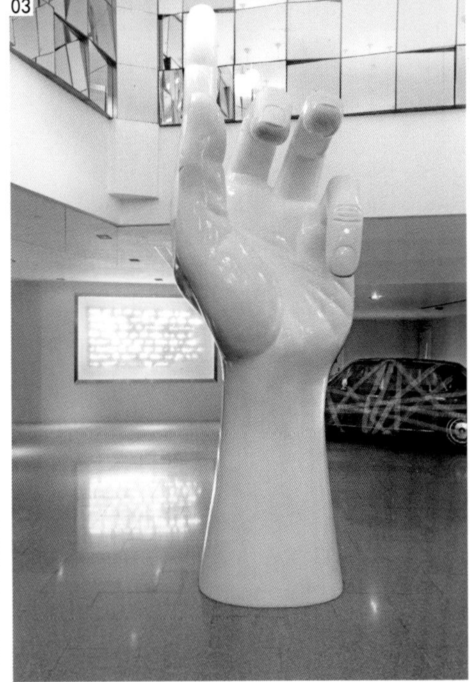

03

我们也在何李活道设计了一个服务式住宅，这套住宅原本是一栋 6 层高的旧楼，一梯两户，新的设计把整层的空间打通，变成一梯一户，顶层的阁楼空间也打通，增加了天花的高度，并嵌上法式窗框，让整个建筑添加了品味气息。

Stefano Tordiglione Design 事务所的组织架构、人员构成、管理模式是怎样的？您在事务所的主要工作？

Stefano Tordiglione：我们的团队由香港和外国的设计师结合而成，大家就像一个大家庭，有新的项目，我都鼓励设计团队一起构思，因为集思广益是设计的重要基石，我们把这个叫做“团体战”。而我则主要负责制定整体的设计方向和开拓市场，先了解客户的要求，有了初步的设计感觉，然后整个团队一起进行设计。

01 大堂
02 大堂入口
03 大堂的手掌雕塑

04

05

04-05 大堂电梯入口
06-07 停车场

08

09

10

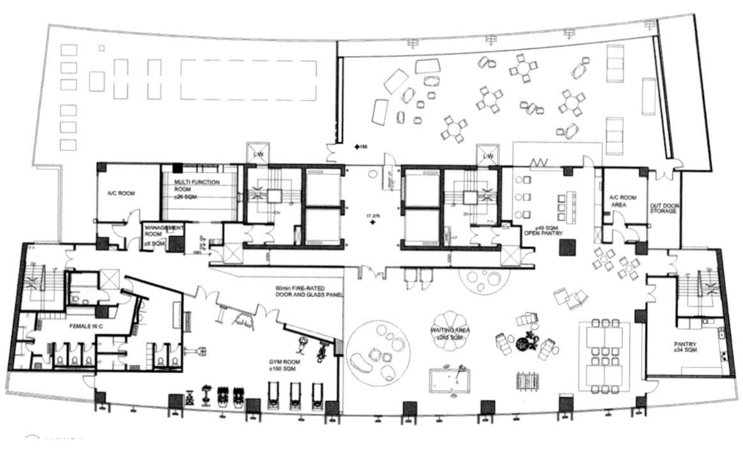

创意工作区平面图

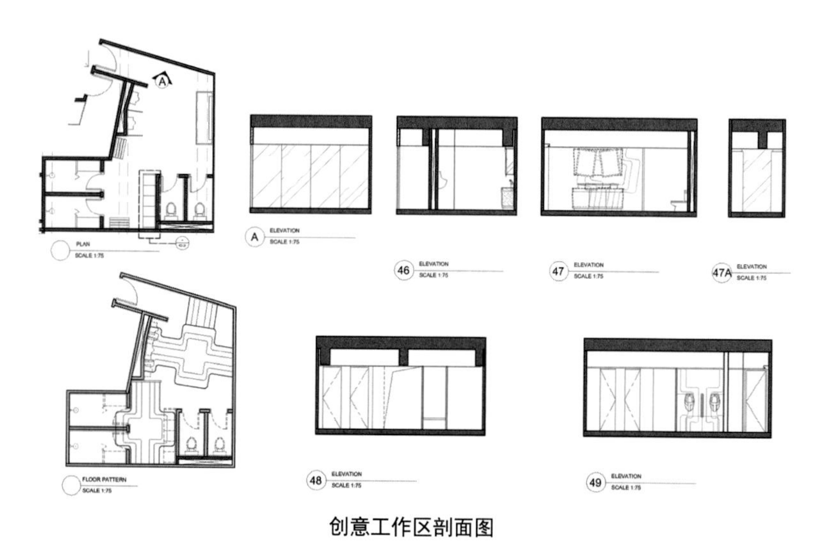

创意工作区剖面图

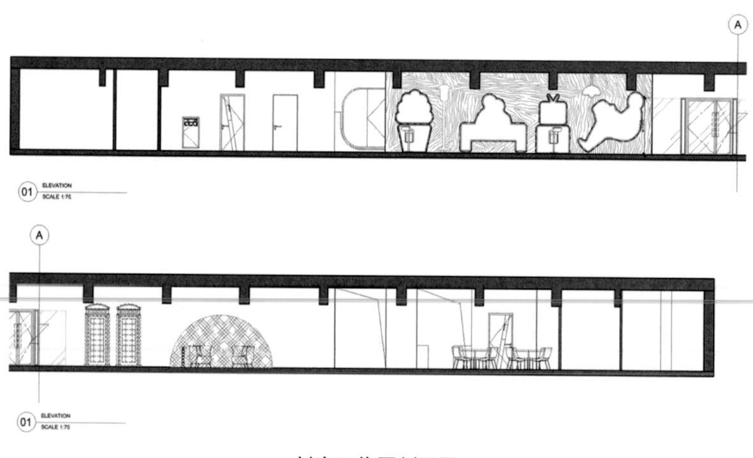

创意工作区剖面图

08-09 阅读区
10 儿童区
11-13 工作区

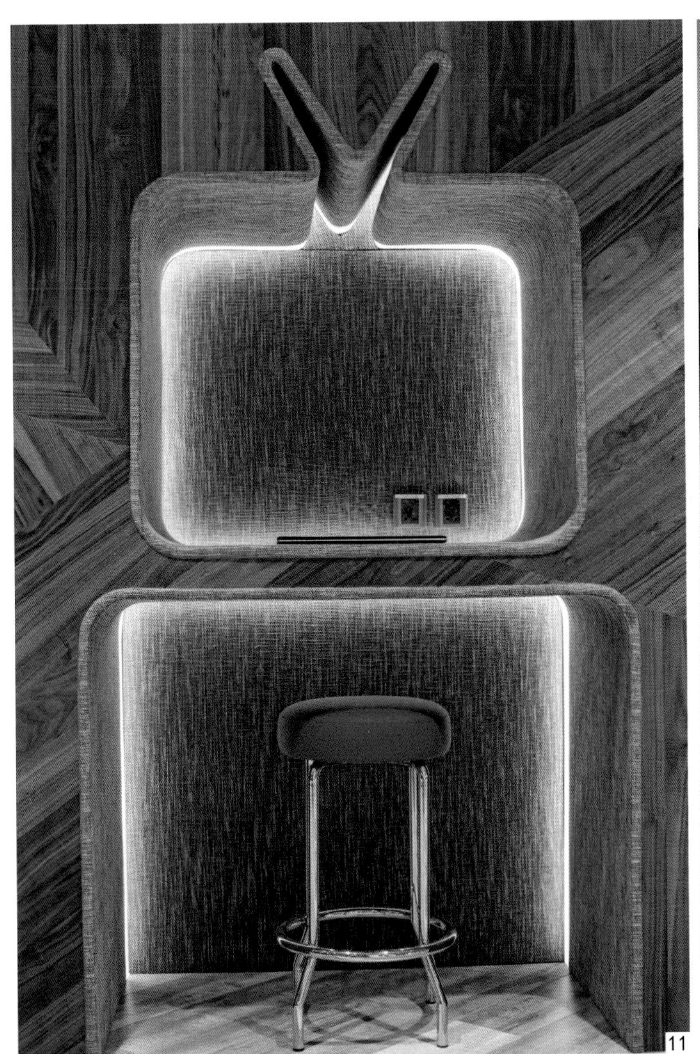
11

12

13

14

15

16

14 四楼活动区
15 茶水区
16 工作区
17-18 户外花园

17

18

Hongqiao CIFI World Center Workplace Experience

上海虹桥旭辉办公体验馆

项目地点：上海
设计面积：1,500m²
完成时间：2015 年 4 月
设计单位：上海曼图室内设计有限公司
主设计师：冯未墨、Frederic Addey、孙毓婉
摄影师：陈志

本项目是将独栋办公的性质定义为一家名为“A+I”建筑设计公司，项目共五层，总面积为 1500 平方米，是一个从建筑构造上去研究终端客户工作方式与环境的独栋办公建筑。

通过打通楼层楼板、加固横梁等手段，来引进最大限度的自然光线，同时得到具有创造性的室内交通动线。景观与城市规划部门，建筑部门及室内设计部门之间的互动方式也将更加的自然轻松。

针对上海市场，更多地考虑环保概念的灵活性，运用再循环木材作为空间核心——悬挑的会议室的表面材料，携带两层高度创作出从一层或是三层都有极好视野的标志性存在。

整栋办公的定义不仅仅是交流沟通的场所，更像是定制的地下室所具备的概念化娱乐与工作的环境一样，用户可以借助空间工具来体现建筑职业的独特性。

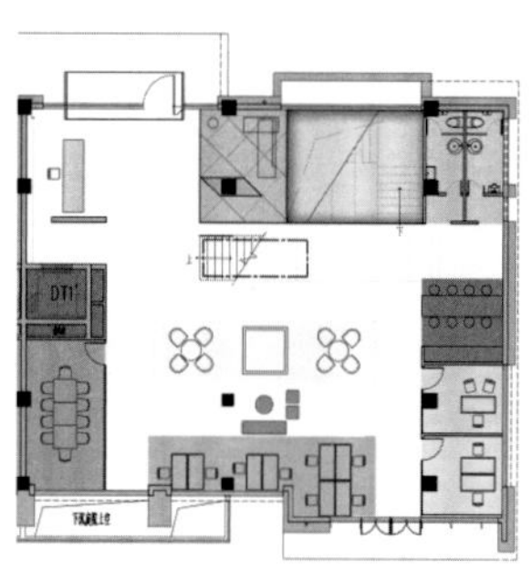
一层平面图

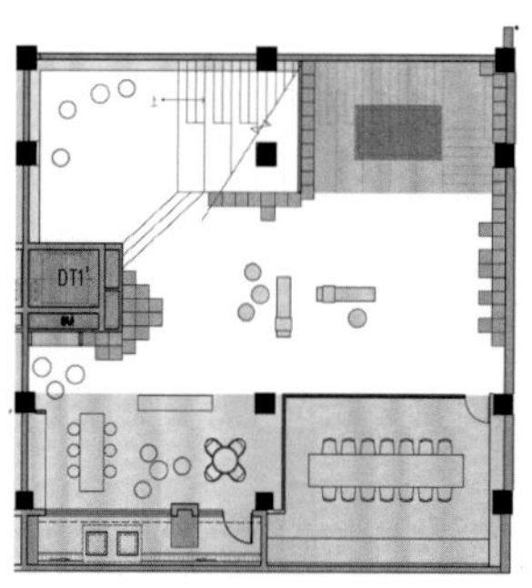
二层平面图

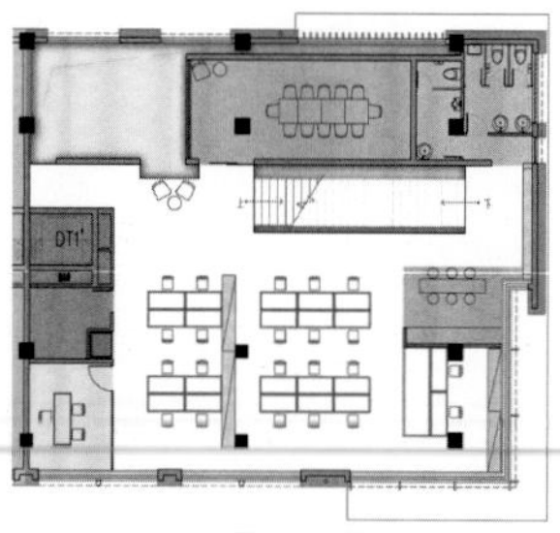
三层平面图

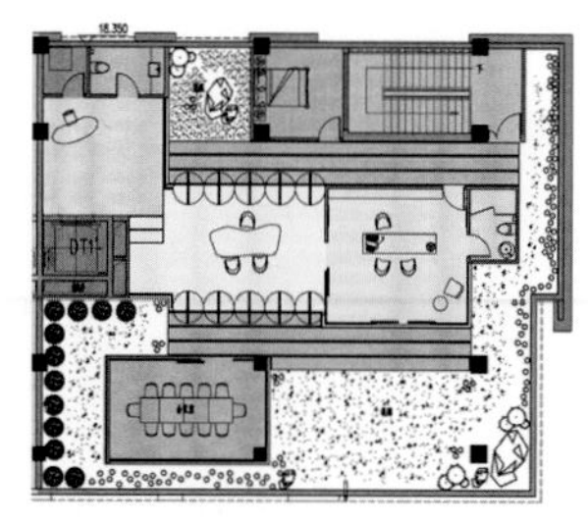
四层平面图

01

02

01 项目更多考虑环保概念的灵活性
02 悬挑会议室的表面材料运用再循环木材作为空间核心
03 携带两层高度创作出从一层或是三层都有极好视野的标志性存在

03

04
05

06

07

08

09

04-05 通过打通楼层楼板、加固横梁等手段，来引进最大限度的自然光线，同时得到具有创造性的室内交通动线
06-09 屋顶层（功能：总裁办公室、总裁会议室、花园、茶室、秘书室等）

10

11

12

13

14

10-14 整栋办公的定义不仅仅是交流沟通的场所，更像是定制的地下室所具备的概念化娱乐与工作的环境一样，用户可以借助空间工具来体现建筑职业的独特性

Hongqiao World Center Office Show Flat

虹桥世界中心（L号）花瓣办公楼

项目地点：上海
设计面积：1,000m²
完成时间：2015 年
开发商：绿地集团
设计单位：集艾室内设计（上海）有限公司
主设计师：黄全
设计团队：袁俊龙、平原
摄影师：张静

随着城市环境日益恶化，拥堵、污染等问题日益严重，“绿色、环保和生态”已经成为时代的主题。告别城市中心，告别雾霾，告别拥挤交通，是每个都市人的愿望。

本项目位于国家会展中心南面，虹桥交通枢纽的西面。项目定位为高端商办综合的小型 CBD 项目，致力于融入绿色、生态、节能、智慧城市等新兴理念和主题，发展成为绿地集团标杆项目。

L 号楼定位为甲级创意办公楼，位于项目内部中心区域，两两组团，寓意花瓣向心。一层集中设置办公大堂并连接两栋塔楼，二层有观景露台，整体室内形态以新型现代办公为主，力图吸引创新型企业入驻。考虑到项目绿色二星的定位，设计师在室内着力营造可持续化的生态办公空间，同时让它与建筑风格相呼应，打造整体统一的项目形象。

虹桥世界中心花瓣办公楼样板房遵循“绿色、生态、节能、智慧”的设计理念，提出“花园办公”的设计主题，充分展现人与建筑、自然的和谐统一，同时在整个环境中导入亲和、优雅、随意、舒适的个性化设计理念，颠覆传统办公的设计思路。它不仅能够满足现代办公多维度的特征，更将绿地集团绿色办公与花园办公理念进行了融合。

01

01 办公区走道
02 接待区 / 路演区
03 办公区前台

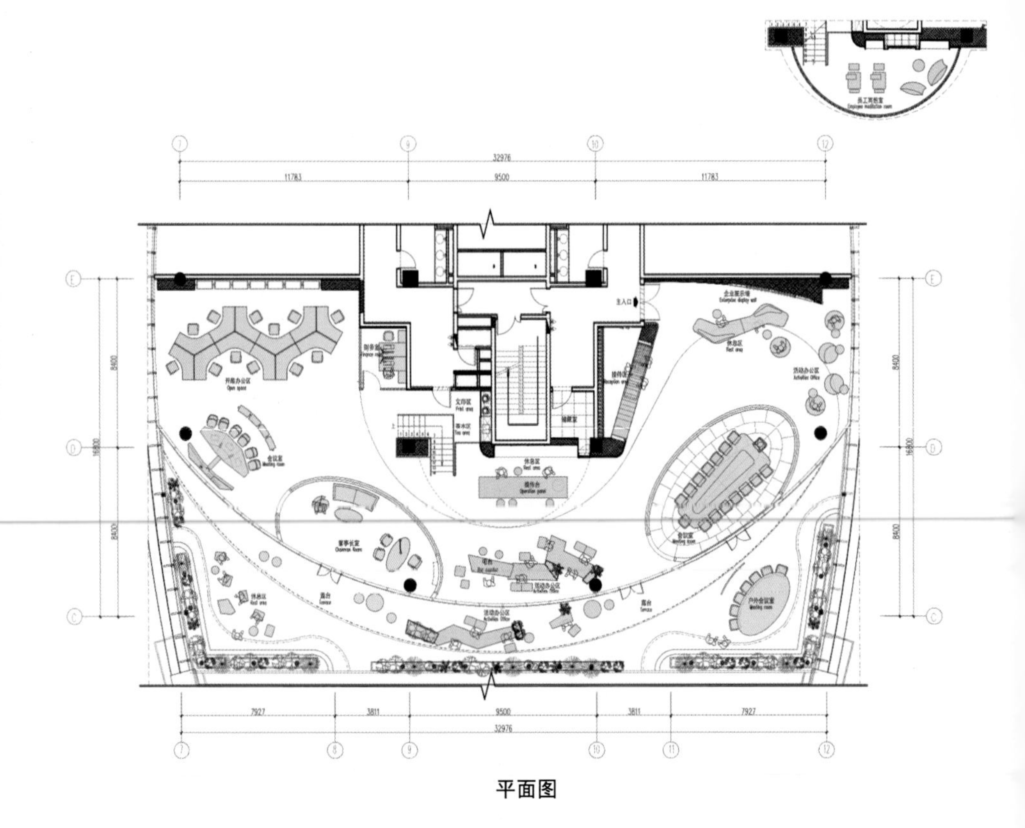

平面图

02

03

04

05

04 员工活动区
05 会议室
06 CEO 办公室
07 办公区
08 办公区

ELLE Office

ELLE办公空间

项目地点：广东，广州
设计面积：205m²
完成时间：2015 年 4 月
客户：鑫驰服饰有限公司（广州）
设计单位：菲灵设计
主设计师：伍文
设计团队：何远声 & 菲灵设计团队
摄影师：何远声
主要用材：混凝土、玻璃、木饰面板、定制金属构件

考虑到项目体量小，而客户对大容量的需求，设计师创造性地采用折纸的方式对项目进行平面划分。

在紧凑的空间中，每条折线都不流于表面，而是具备多重功能。比如会议室的组合式长台，其主要功能为坐席，但是同时还集合了双面陈列功能及储物功能；墙边的吊柜除了能够储物，同时承担照明功能；玻璃门的标识设计融入折纸元素以加强与空间的互动。正因为处处都蕴含了功能的多样性，一个“折”出来的空间应运而生，完美地解决了客户需求和现实之间的矛盾。

这个“折纸”的创意简单又有效，通过采用极易获取的材料有效地控制了成本。该项目的主要材料为木饰面板、混凝土及定制金属构件。

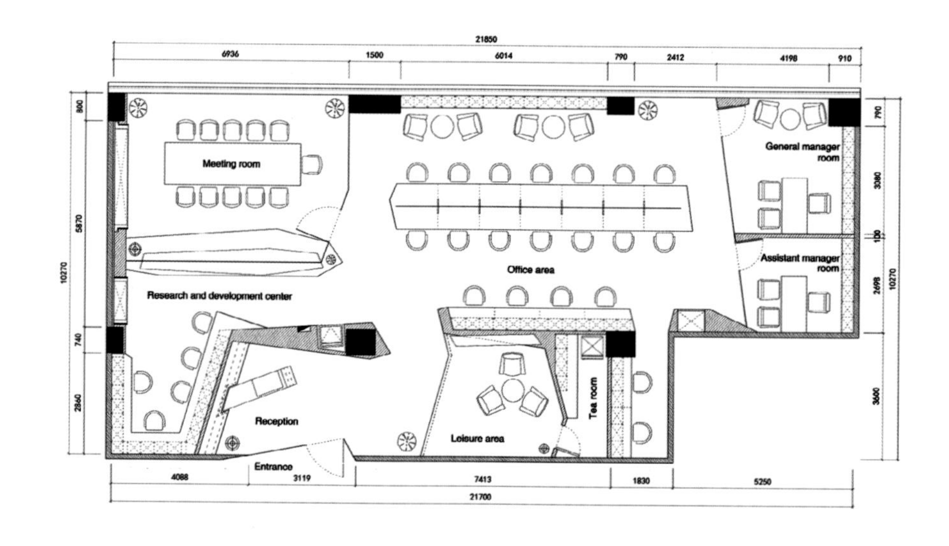

01 前厅接待台
02 企业 logo 标识
03-04 会客等待区
05-06 办公区

03

04

05

06

07
08
09

07-08 办公区墙边的吊柜除了储物功能，同时承担照明功能
09 简洁的设计如同办公区的主要诉求——高效有力
10 过道标识
11 玻璃门的标识设计融入了折纸元素
12 空间一角

13

14

08

09

10

11

12

13 14

11-14 咖啡吧
15 开放工作站
16 办公过道
17 休闲区

Lincheng Times Office

美的 · 林城时代办公室

项目地点：贵州，贵阳
设计面积：110m²
完成时间：2015 年 1 月
设计单位：广州共生形态创意集团
主设计师：彭征
设计团队：陈计添、陈泳夏
主要材料：烤漆板、地毯、黑镜钢、玻璃

美的 · 林城时代是美的地产在贵阳注入巨资倾力打造一个重点项目，整体规划由大型商场、休闲商业街、超甲级写字楼组成，位于贵阳未来城市中心 CBD 的核心地段。本次设计任务针对不同的目标客户群分别设计了大中小三套办公室样板房，本案为其中的小户型，以小型文化传播公司为背景，整体设计简洁明快，在有限的空间中体现创造性和亲和力。

横向拉伸的线条贯穿于白色的主色调中，强化了空间的张力。轻巧的前台，独特的天花，跳跃的地毯，这些都体现出空间年轻而充满活力的气质。活动柜门被设计成可涂写的焗漆玻璃，最让人惊喜的是设计师将原建筑剪力墙与外墙之间的狭窄区域设计成一个可以观景阅读区。

窗明几净的会议室，简洁明快的总监室，那纯洁的白和青葱的绿，还有那无垠的都市天际和天边的一丝云霞，我们似乎看到了创业的激情、快乐和梦想。

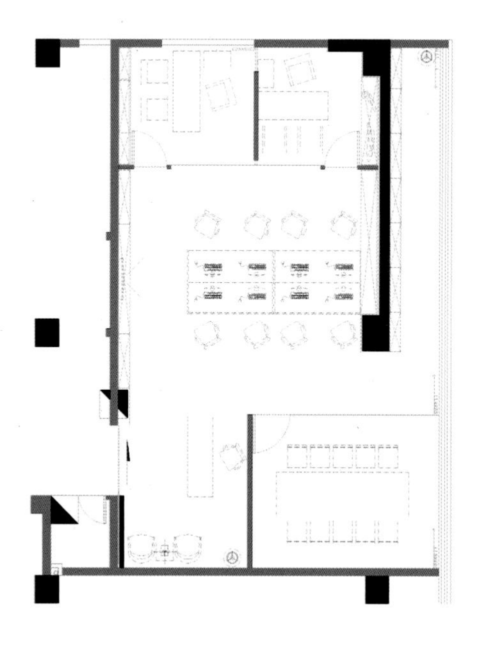

平面图

01

01 轻巧的前台
02 横向拉伸的线条贯穿于白色的主色调中，强化了空间的张力
03-04 简洁明快的设计风格

02

03

04

05

06

07

08

09

10

05-06 纯洁的白、绿色，让空间充满生机活力

07 窗明几净的会议室

08 原建筑剪力墙与外墙之间的狭窄区域设计成了一个可以观景阅读区

09 办公区

10 总监室内可饱览都市的天际

Times Property Center

时代地产中心办公室

项目地点：广东，广州
设计面积：3,000m²
完成时间：2014 年 09 月
设计单位：广州共生形态创意集团
主设计师：彭征
设计团队：谢泽坤、陈计添
主要用材：铝单板、大理石、地毯、瓷砖、烤漆板

平面图

作为广州本土的民营代表企业，时代地产以"生活艺术家"为品牌理念，他们不满足于平庸的规则和同质化的趋势，欣赏个性化的生活方式，执着于自己热爱的生活和事业，在坚持不懈的专注中创造价值。

设计摒弃多余的装饰，简洁干净的前厅，大块的金属板材和极简的设计风格，使人能感受到企业简单、真实的品性。

各大小会议室是头脑风暴聚集的场所，这里或开敞光亮，或轻松私密，高科技的设备和能擦写的玻璃墙面有助于实现无纸化办公。培训室是年轻人接受培训或互相学习的场所，这里承载着他们关于未来的种种奇思梦想，因此设计师让这些空间更加轻松和不拘一格。办公区是"容积率"最高的区域，我们把各种能利用的空间全部设计成储物空间，希望每一个员工都不需要在固定的座位上办公，能够更高效地和团队交流。

正如设计师主张的那样，最好的室内空间应不张扬、不凸显，它与在里面工作和生活的人们相互尊重，彼此共生。

01

01 简洁干净的前厅
02 大块的金属板材和极简的设计风格，让人 感受到企业简单和真实的品质
03 办公区

02

03

04

05

04-05 办公区墙面全部设计成了储物空间
06 大会议室
07 小会议室
08 培训室

06

07

life Stylist
Helping more people live the lifestyle they are

08

Huaxin Xingye Holdings Office

"华信兴业控股"北京中国电影导演中心办公室

项目地点：北京
设计面积：2,500m²
完成时间：2015 年 4 月
设计单位：上海朱周空间设计 Vermilion Zhou Design Group
主设计师：周光明、王凯弘
摄影师：吴俊泽

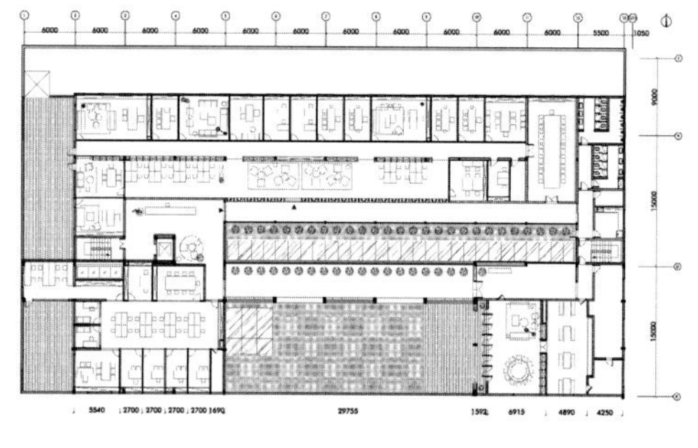

平面图

业主作为一家投资控股的金融公司，设计师希望办公空间除了符合人们对金融企业既定印象——稳重、规矩之外，更多一分舒适、安定和温暖，给其中的使用者带来更美好的体验。

在动线方面，充分利用基地本身绝佳的环境优势，让人们在进入主要办公区域前，先经过一旁落地玻璃所形成的自然采光长廊。长廊与另一侧的柚木隔栅屏风共同作用，分隔开内外区域，而通透的柚木隔栅屏风也让空间上在虚实之间自我定义。

主要办公空间分为三大部分，由北向南分别为主管办公室、会议空间、由大型落地的开放层板柜分隔出来、南向的办公工位区与客户休憩讨论区。这样，主管、客户、员工三方使用的空间相对独立，却又互相联接。

在空间风格元素上，设计师延续东方的低调内敛，大量使用自然的木饰面，以黑色的"框"去体现中式的"面"。地面采用易于维护的灰色系 Bolon 地毯，整体低调、和谐而稳重。间接照明的使用，使空间显得更加柔和。在软装方面，中西式家具混搭，以和谐为基本，中庸为主体。设计的核心理念，正是让空间自然地存在，始终把"人"作为最重要的主角。

01 客户休憩讨论区
02 大型落地玻璃让空间通透舒适
03 落地玻璃所形成的自然采光长廊

02

03

04-05 休息会客区
06 通透的柚木隔栅屏风让空间形成虚实间的界定
07 会议室
08 过廊
09 低调内敛的空间氛围

08

09

CKF PICTURES Office

"工夫影业CKF PICTURES"北京中国电影导演中心办公室

项目地点：北京
设计面积：$750m^2$
完成时间：2015 年 4 月
设计单位：上海朱周空间设计 Vermilion Zhou Design Group
主设计师：周光明、王凯弘
摄影师：吴俊泽

导演陈国富对于 20 世纪 60 年代有着特别的钟爱，进而搜集了许多复古家具。他认为现代文化大多于60年代之后开始变革，正是该年代各领域的变化造就了现代文化、设计等方面的多样性，因此他希望在这间办公室中重现当时的场景。

我们在空间中植入了许多60年代的经典元素，如普普艺术、太空时代、木质家具、鲜明饱和的大地色系。考虑到人员的实际配置，以较有张力的开放式挑空大堂开场，将内外关系分隔开来，把比较需要隐私空间的主管办公室、办公部门放在二楼，给它们更强的独立性。来往开会、洽谈的访客则可以在一楼拜访相关人员。办公室里规划了多个可以弹性使用的空间，比如动脑区（头脑风暴区）、剧组活动室、及大小会议室，以适应影视产业的独特性，可以灵活地用于讨论、开会、试镜等活动。

在材料元素方面，使用樱桃木与铝板的隔间饰面来体现 60 年代独有的办公室隔间元素，并在墙面及地面上分别采用了有饱和色系的几何图案面料壁纸、鲜明色彩的方块地毯，来强化复古的视觉感受。在软装上，搭配了导演所收集的经典家具，针对不同空间、打造出舒适且具有"穿越感"的空间体验。

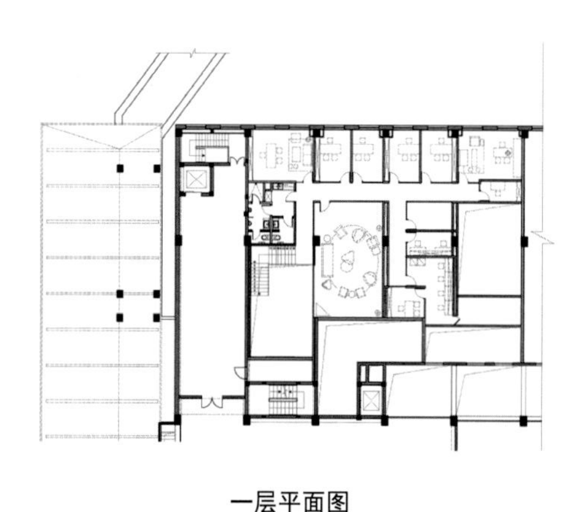

一层平面图

01

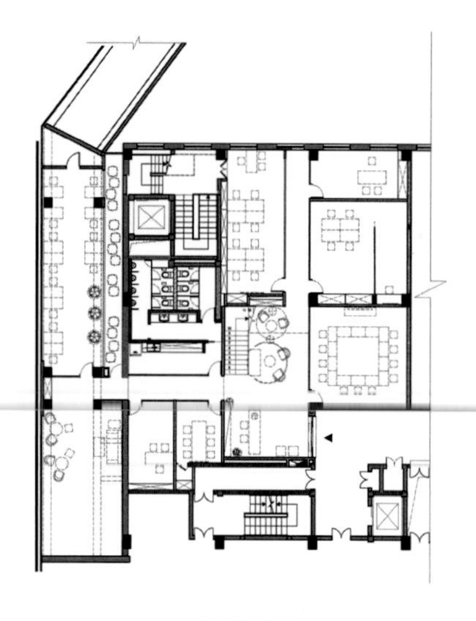

二层平面图

01 开放的挑空大堂
02 接待前台
03 墙面及地面上植入了饱和的大地色系
04-05 波普艺术

02 03

04 05

06 07

08 09

10

06 二层为私密办公区域
07-08 色彩鲜明的方块地毯与几何图案面料壁纸强化复古的视觉感受
09 导演所收集的经典家具
10 用樱桃木与铝板的隔间饰面，来体现 60 年代独有的办公室隔间元素

Central Office for Phenom Films in Beijing

“天工异彩”北京中国电影导演中心办公室

项目地点：北京
设计面积：1,800m²
完成时间：2015 年 4 月
设计单位：上海朱周空间设计 Vermilion Zhou Design Group
主设计师：周光明、王凯弘
摄影师：吴俊泽

办公室是北京中国电影导演中心的重要部分，是中国未来电影产业极为重要的后期制作工作室。项目的最大挑战在于，既要让客户能参观到整体后期制作生产线的流程，又要保证相关工作的私密性。而且，电影生产过程中，常常需要进行大量的讨论及创作上的调整，因此要通过设计来满足各专业的实际使用需求。

在动线方面，我们保留了建筑本身 3.8 米层高带来的舒适感，采用阶梯式的设计以满足办公需求，把主要的对外部门与洽谈休息区域配置在此，来促进部门之间的互动。对于需要私密及安静的剪辑室或音编室，则规划在北向的独立办公室内，利用与北向办公室中间相隔的走道，将内部独有的专业机房用玻璃隔间展示出来，实现既开放又私密的效果。

大阶梯的最顶层是各主管的办公室，最东与最西侧区域是最重要的两个生产后期制作部门。我们很注重营造整体办公室的空间氛围，在有效的空间利用率下，做出相对舒适、明亮的办公环境，避免了传统后期制作公司的阴暗感。利用自然的橡木、大面积的留白，大地色系色彩的点缀，使得空间更亲近自然、更舒适，让人们从中获得更大的创作能量。

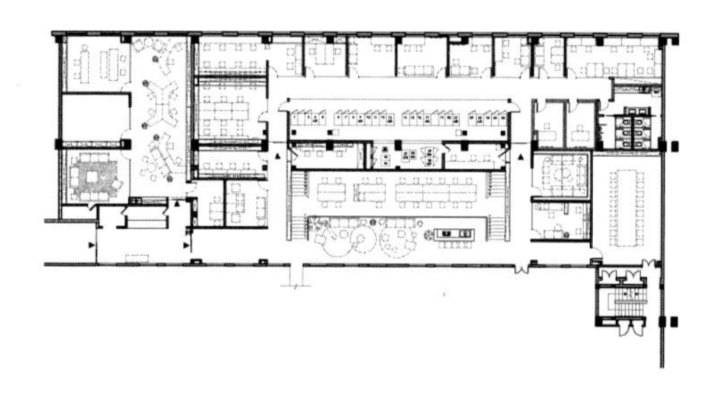

一层平面图

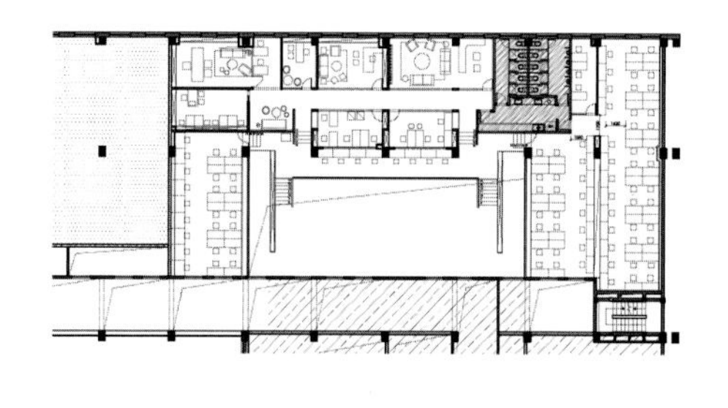

二层平面图

01 阶梯式的设计既而满足了客户能参观整体后期制作生产线的流程，又保证了各工作项目的私密性办公需求
02 3.8 米的层高保留了空间建筑的舒适感

02

03 自然的橡木、大面积的留白使得空间更亲近自然、舒适
04 一层功能主要对外部门与洽谈休息区
05 舒适、明亮的办公环境

05

MR • MOUSTACHE

“髯鬍先生”花店办公空间

项目地点：浙江，杭州
设计面积：640m²
完成时间：2014 年 11 月
设计单位：杭州意内雅建筑装饰设计有限公司
主设计师：朱晓鸣
摄影师：林峰
主要用材：回购木板、素水泥（木模）、钢板、水磨地、橡木实木

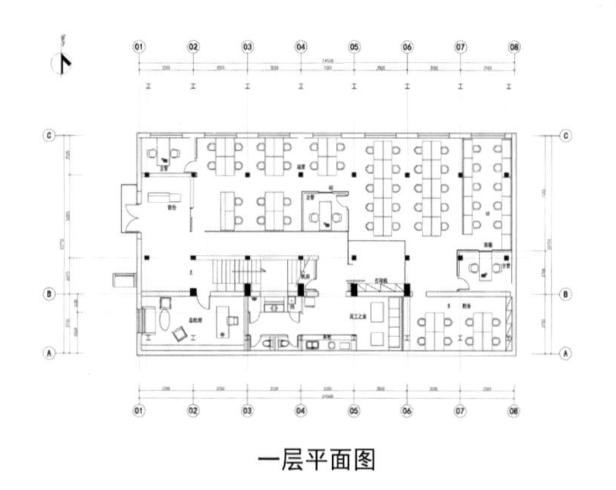

一层平面图

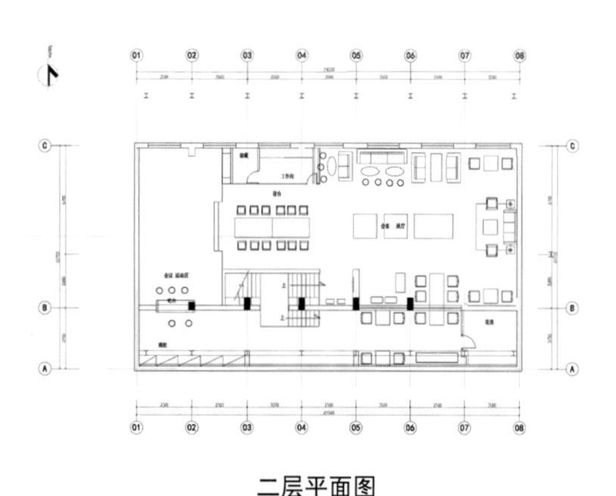

二层平面图

庭前虫鸣草绿，院后花香静染。如今的社会，我们已经远离了这种虫鸣花香的怡人环境。一幢幢高耸矗立，用幕墙和钢筋混凝土拼合起来的写字楼、商业楼，已经成为我们生活的场所。失去灵魂，生存的意义便变得苍白。我们旨在创造一个生活的花园，让它成为 “戈壁”中最灿烂的色彩。

“胡须先生”花店线下办公选址在杭州运河西岸边公园的一座老厂房。当现代化电商与历史意味浓厚的老厂房相遇，新与旧如何产生碰撞？是用绝对的“新奇”来令人精神为之一振，还是用 loft 的惯有手法将“陈旧”进行到底？现代化的办公空间应该是时尚又不失情趣的场所，那么，设计师要通过怎样的设计改造来满足现代化的办公需求，同时又让建筑拥有自己的语言，与周围的自然环境共生？

利用老厂房的层高优势，将空间划分为一层的“胡须先生”办公区，二楼的花房和展厅。为了营造一个安静的工作环境，我们采用镂有公司 LOGO 的铁板隔断将办公区与前台、公共休闲区划分开来，保证员工在工作时不被打扰，同时通过门禁去管理外来人员的来访。根据公司不同的部门属性，办公区分为三个区域，更好地满足上下级的对接以及部门内部及时沟通的需要。休闲区为员工提供了茶水与卡座，让员工可以在紧张的工作之余稍作休息。宽大的双色踏步楼梯通向花房和展厅。在去往展厅的通道上使用了高低错落的盒子作为鲜花的展台，对另一侧的家具展厅则不做过多的空间划分和装饰，通过展品自身的陈设来营造不同的场景，展现出不同展品的特点。

在空间的形式导入方面，我们采用自然与建筑相融合的手法，建筑上大大小小、高高低低的开窗将室内外界限模糊化。房子周围用鲜花与草木围合，大树的枝桠挨着屋檐，人坐在窗前就能感受自然美景。自然而纯朴的材料与原来的老建筑融合，现代化的工艺给空间带来新的语言。我们对老木板进行再利用，让它们的自然纹路赋予水泥新的生命，为空间增添温暖的色彩。在隔而不断的空间里，光影交织，营造出一个干净素朴、自然有序的办公空间。

踱步在此，视线透过光影，穿过窗户落在嫩绿的枝桠，自然、人、建筑、室内融合共生。

窗，是绘了画的墙；墙，是消失了的窗；门，是去往繁花似锦房子最短的路。

01

02

03

04

01-02 建筑外观
03-04 庭前虫鸣草绿
05 一楼入口
06-07 镂有公司 LOGO 的铁板隔断了办公区、前台、公共功能休闲区
08 接待前台

09

10

11

12

13

14

09 温暖的色调赋予了“陈旧”的空间新的生命力
10 现代工业风格的装置，复古且时尚
11 一楼办公区
12 楼梯口的小休憩区设计
13 宽大双色踏步楼梯
14 二楼花房

15 16

17 18

19

15 通往二楼的楼梯
16 隔而不断的空间里光影交织
17-19 家具展厅通过展品自身的陈设，营造出不同的场景

Office of Shenminliang Interior Design co.,Ltd

上海沈敏良室内设计有限公司办公室

项目地点：上海
设计面积：430m²
完成时间：2014 年 11 月
设计单位：上海沈敏良室内设计有限公司
总设计师：沈敏良

本案的选择地是在机缘巧合下偶然得之，皆因园中有两株数十年的雪松，在建筑的西南偏侧，无缘之人皆因其显碍事而久弃之，整个设计以建筑的手法切入，以园为核；以水为心；以松为邻；以木为衬，融于自然。人在其中是主体亦是配角，整个空间以金、木、水、火、土五行构建五盒，在空间中形成强烈的平衡与对比，客观呈现木的亲和、水的柔美、金属的钢硬、混凝土的冷漠。

中国人对阴阳、对中庸、对平衡有着自己的哲学观。现实生活中需要一些具象的载体去对话与沟通，作为一个城市人，一个活在当下的经历者，感受古人闲云野鹤的悠然静穆；意会舞文弄墨的肆意内敛，感受时代气息的同时，博古融今。这是一次对中国哲学的具象思考，更是一次对历史人文的虔诚敬礼。

01

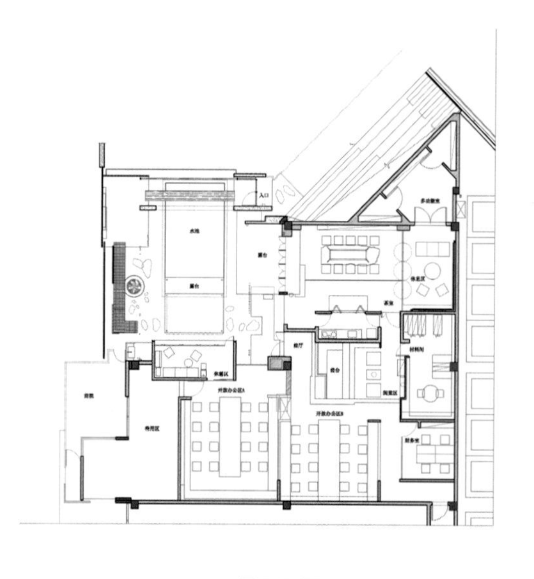
一层平面图

02

01 入口
02 室内纸墨书香
03 幽静的庭与温馨的室内形成强烈的平衡与对比
04 庭院景致

03

04

05

06

07 08

09 10

05 新旧，冷暖，钢柔遥相呼应
06 室内大量的木材与素雅的山水画散发出亲和的文人气息
07-08 收藏的老古典家具既是展示，也兼具实用价值
09-10 理性与抽象的建筑美学

Fuzhou Yimeijia Building Materials Co., Ltd. Office

福州宜美家建材有限公司办公室

项目地点：福建，福州
设计面积：186m²
设计单位：林开新设计有限公司
主设计师：林开新
参与设计：胡晨媛
主要用材：仿古砖、蒙托漆、钢板、硬包、枫木
摄影师：刘腾飞

01 白墙“灰瓦”以及一道没有扶手楼梯的迎接厅
02 鲜明挺拔的体块形状提升了空间的立体感
03 通过白墙和天花间露出的微光，可以看到白墙并未真正与天花接合
04 灰色仿古地砖与白墙
05 天花板露出的混凝土通过打磨，既达到防尘的效果，又拥有特殊的细腻肌理
06 宫字格这种传统的文化图腾的隔断，丰富了空间的表情

人们对于办公室的想象常常由一个极具热情的接待台和接待区域开始，而福州宜美家的办公室迎接人们的却是白墙“灰瓦”以及一道没有扶手的楼梯。这个冒险的想法出自设计师林开新的创意。

福州宜美家公司的主营业务是建材贸易，老板却常“不务正业”，周游多国，还是摄影发烧友，他对办公室设计的唯一要求是素雅安静。这让他与追求“和居美学”的设计师林开新一拍即合。

为了营造一个干净简练，而又具有亲和力的空间，设计师将传统白墙灰瓦的灰白色调关系运用至空间中，并搭配温润的木色。结构上则采用似分非分，似合非合的趣味组合方式和传统建筑的尺度关系，令观者在这个室内建筑中体验空间游戏的乐趣。

挑高的入口门厅中，地面运用了灰色仿古砖，原本白色的天花板表皮被铲掉，露出原有的混凝土表情，打砂的方式使天花板既达到防尘的效果，又拥有特殊的细腻肌理。门厅中央为两道白墙，白墙中间的细缝夹着一道窄窄的无扶手楼梯。这个看似冒险的设计实际上解决了屋顶建筑横梁带来的对阁楼人员流通的阻碍问题。楼梯在中间往两侧分开，在高高的白墙中间，如同一道通往别处的装置，吸引观者登梯探访。通过白墙和天花间露出的微光，可以看到白墙并未真正与墙接合，且边缘用钢条镶嵌，展露出更鲜明挺拔的体块形状。为了提升空间的立体感，门厅没有设置照明设备，唯有从远处墙壁的灯柱迎来的淡淡白光，令观者一进门即在这份宁静中得到放松。阁楼采用宫字格这种传统的文化图腾，又如砖砌方式，丰富了空间的表情。为了保证安全性，宫字格格栅设定了足够的厚度，当阁楼灯光亮起时，光线穿过厚厚的格子映射在高墙上，流溢出现代而温馨的空间气质。由此将观者带到熟悉的记忆时光：是那奇峰石景“一线天”，又或古老巷弄中的阳光斜影，岁月几许。

尽管面积不大，设计师通过充分利用每个空间和合理规划动线，令每个功能区域都得到有效的安排。一楼为总经理办公室、各建材品牌负责人办公室、财务部以及茶室和吧台休闲区。阁楼一边为常驻店面的销售办公区，一边为会议室。

门厅右侧的吧台采用灰色人造石设计而成，时尚简洁，酷味十足。打开壁柜，咖啡机、微波炉等厨具应有尽有，可满足员工准备午餐、下午茶甚至举办小型聚会的需求。进入右侧尽头的总经理办公室，收获的则是满眼的木色。储藏室的过道如同洞窟般，由于面宽不大，设计师采用了切割体块的方式，左侧的木板如同由整体木块切割移出，经由楼梯可抵达阁楼休息区。这种既分离又连接的空间，某种程度上呈现出一种庄严的场域感，又为观者提供了更多的体验。门上延长的木板令门成为空白墙上的一道个性风景。

茶室两侧的墙壁采用了麻布材料，以营造出自然的氛围。定制的茶桌椅脚采用细钢组成的块体，轻盈而现代，营造出一种悬浮的假象。为了保证巨大落地窗带来的景观视线不受阻碍，阁楼区域没有扩展到与玻璃的交接处，而是与玻璃之间有一段合理的距离。观者走到窗户边往上看，便可以发现这个不经意的角落又藏有一景，通过木格栅，可以隐约看到二楼的会议室。这种似分非分，似合非合可谓是设计师特意制造的一种假象，然而，柳暗花明又一村，即便颠覆常规的想象，但生活本身就应该处处有惊喜，何乐而不为呢？

02

03

04

05

06

07 08

09 10

07-08 总经理办公室里的满眼木色
09 储藏室的过道由于面宽不大，设计师采用了切割体块的方式
10 经由楼梯可抵达阁楼休息区
11 定制的茶桌椅脚采用细钢组成的块体，轻盈而现代，营造出一种悬浮的假象
12 茶室的墙壁采用了麻布材料，营造出自然的氛围
13 空间体块结构

11

12

13

BH.D Office

邦华建设办公室

项目地点：广东，佛山
设计面积：250m²
完成时间：2015 年 6 月
设计单位：佛山市城饰室内设计有限公司
主设计师：黎广浓、霍志标
设计团队：唐列平、邱金焕、杨仕威
主要用材：水泥砖、不锈钢、艺术涂料、玻璃、木皮、大理石

本案主张减法，不以实体隔断对空间作硬切割，以简洁的线条与块面勾勒室内，让空间与结构有序展开的同时表达出朴实的美。减少装饰，空间开敞而通透，有如恰到好处的留白，蕴意于墨外。在满足功能的划分之外，设计保留了界线的模糊感，“围而合之、透而无界”，让空间被对话性、互动性、趣味性所充满。

01 接待前台
02 入口前室
03 卫生间
04-05 办公过廊

02 03

04 05

06-07 局部特写
08 会客区
09 总经理室
10 开放办公区
11 会议室

Super Tomato Limited Office

超级番茄设计顾问有限公司办公室

项目地点：广东，深圳
设计面积：250m²
完成时间：2015 年 1 月
设计单位：超级番茄设计顾问有限公司
主设计师：罗湘林

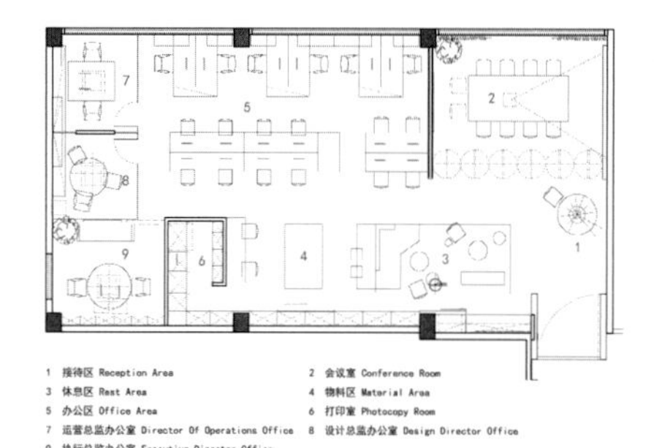

很多人会说，工作好累，很想让工作节奏慢下来，出去喝杯咖啡，发发呆。也有很多人会说，工作好闷，真想出去透透气，散散心。如果人的一生就在这种痛苦和沉闷中度过，那注定会不幸福。

我们常常会问自己：工作是为了什么？为了“更幸福的生活”。那怎样才会让我们幸福地生活？只有“快乐地工作”。记得我们还是员工时的梦想，那就是不用待在办公室，每天待在咖啡厅里面工作，听听音乐、看看书、画画图，聊聊天……那是多么幸福的事情。过去所想的一切真的是梦，但现在这一切都不再是梦。Super Tomato 打造了一个全新的 Office 环境，番号为“Tomato Coffee”。如果累了，可以放下手上的工作听听音乐。如果渴了，我们到吧台泡一杯咖啡、一杯茶，享受温暖的时光。

空间里的材料很单纯，是与人最为贴近、最为朴素的一些材质。水泥是这个空间中最主要的材质及色调，我们回收了一些老船木板来做家具，办公室里面的桌子及会议桌就是使用旧木板来做的面层。墙面的水吧柜我们选用了麦秸板，麦秸板是利用农业生产剩余物麦秸制成的一种性能优良的人造复合板材。在会议区，由于考虑到光线对入口接待区的影响，所以采用了艺术玻璃门来做隔断，360 度旋转的门不仅给人们带来了视觉享受，更给人带来了互动体验。主入口的铁锈漆以假乱真，无数人去触摸和体验它的材质感，想着，这是铁吗？为什么敲起来又是木板？这就是我们的设计意图，我们木板上用腻子处理后，表面做了一层墙壁艺术漆的涂料。自由调整角度的百叶窗帘给办公环境营造了各种时间的光线变化，靠窗的一排绿植，让每位员工时刻都能保持一种愉悦和良好的心情。整个办公空间的灵动性，以及它的色调让人能够安静的、舒适地待着，放松自己。

这就是我们设计理念——以人为中心的导向设计，让在这里的每一个人可以尽情去享受“工作之外的幸福生活”。

01 轻松愉快的环境
02 水泥成为空间中最主要的材质及色调
03 自由调整角度的百叶窗帘给办公环境营造了各种时间的光线变化

01

02

03

04

05

06

07 08

04 入口接待区与会议区之间采用了可 360 度旋转的艺术玻璃门做隔断，不仅给空间带来了视觉享受，更给人带来了互动体验

05 一些回收来的老船木板做成的家具，让空间给人一种自然的留恋和回忆

06 轻松的会议室

07-08 会议桌用旧木板来做的面层

Coscia Italian Luxury Department Store

COSCIA 蔻莎意大利奢侈品百货

项目地点：深圳
客户：Coscia（蔻莎）意大利
设计面积：3,500m²
完成时间：2014 年 6 月
设计单位：室拓企业营销策划（上海）有限公司
（荷兰 Storeage 设计事务所上海分部）
摄影师：Richard cadan

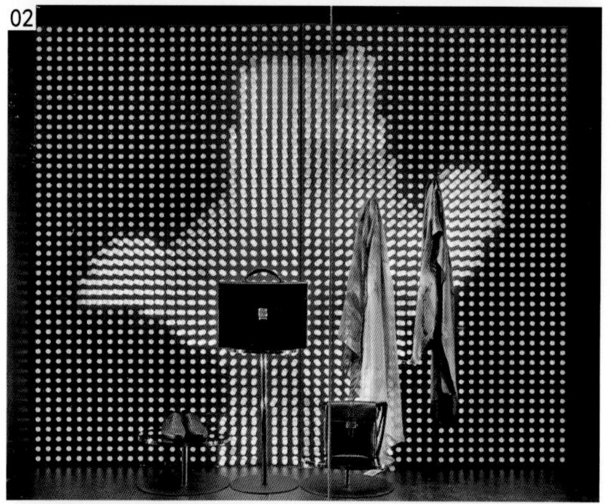

Storeage 的董事长 Leendert Tange 说：“我们希望让整个空间具有狂野感，即在具有时代感、奢华高贵感的同时依然带着些许狂野。许多奢侈品品牌店的角色定位过于严肃，它们都忘记了一个理念，那就是‘微笑’。我们把这些有着动物元素的设计带入整个奢侈品的购物空间，希望相对其他高端奢华略显严肃和距离感的店铺设计而言，让顾客在购买这些顶级奢侈品品牌的同时，感受到多一份亲切感和艺术性。”

Storeage 带给顾客的最大惊喜是其设计的一系列造型独特的大型动物模型，如北极熊、鲨鱼、火烈鸟、飞鸟，犀牛等，它们融入到整个店铺空间，不仅为空间增添了生机，同时也为 Coscia（蔻莎）的各个品牌带来更多令人兴奋的体验点。除动物模型的设计外，设计师运用了 3 种不同颜色的大理石图案拼接店内地面，用天花板垂吊下的绸带式门头装饰贯穿整个店铺空间，从而把 3500 平方米的分散空间打造成具有整体感的“大”空间。同时设计师巧妙运用“包装绸带”的构思包裹每一个重点展示的陈列物品，让进入店面的客人一眼就能关注到重点推荐商品。设计师在用设计表达不同品牌价值和属性的同时，还量身定制了一个贵宾专属区、配有专业私人导购的休息洽谈空间，让顾客可以在舒适的氛围中买到称心如意的商品。

01 连飞鸟都想衔走一款漂亮的包包
02 收银台后的屏幕上显出熊的造型
03 犀牛造型带来力量感
04 鲨鱼造型的设计让人一眼看到摆设的商品
05-06 双头猎豹带来狂野的魅力
07 商场入口

05

06

07

08

09

08 深绿色的座椅让人精神一振
09 可以舒服地在此等待试穿的朋友
10 飞鸟的造型让视线集中于衣饰
11 可以坐下来慢慢挑选五彩斑斓的丝巾
12 可以坐下来挑选一款合适的包
13 倾斜的桌面带来会心一笑

10 11

12 13

14

15

14 黄色的金属框摆放商品的同时分割空间
15 天花板上纵横交错的光与地上的大理石相互辉映
16-17 两排座椅让空间更有纵深感
18 贵宾休息区
19 条纹地毯让空间变得宁静
20 休息椅让人有躺一躺的欲望

Annil Flagship Store

安奈儿旗舰店

项目地点：深圳
设计面积：90m²
完成时间：2015 年 6 月
设计单位：深圳绽放设计团队
主设计师：宝龙
设计团队：陈小虎、邢子超、方富明
主要用材：水泥板、回收旧木板、鱼鳞网、白色亚麻布、复古水泥自流平

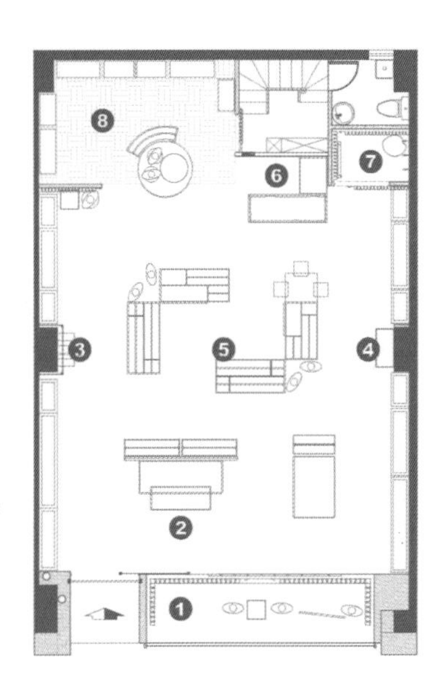

❶ 橱窗展示区
❷ 新品展示区
❸ 男童区
❹ 女童区
❺ 主力销售区
❻ 收银区
❼ 试衣间
❽ 小童区

“不一样的舒适”是安奈儿长期以来的品牌理念，以追求优质的面料与舒适的体验闻名，因此，设计团队通过打破传统的童装商业印象，利用天然原生态的理念呈现一个独特、鲜活、具有买手店气质又不同于普通零售的“童装零售体验店”，以塑造安奈儿的新形象。设计强调充满呵护的、舒适的空间，突破中规中矩的材料模式，回顾自然本真，大胆地利用原生态的混凝土、回收旧粗木等材质，打造一个具有独特购物体验的童装售卖空间。

设计师运用原始木材和清水混凝土等原生态材质，为销售区域及整体空间营造自然的氛围。空间的原生态概念与 ANNIL 的诉求——“天然的、有机的”一脉相承。

墙面和地面大面积运用水泥原生态材质，给人直观感受便是原生、质朴、粗犷，而儿童服饰的用料必是尽柔软、温暖、舒适之可能。以材质的质朴、粗犷来对比温馨、贴近肤质的衣物，尤其衬托出产品的细腻质感，更加生动地表达“儿童需要呵护”的理念。

细部空间中的陈列柜体融入包裹布、旧粗木的元素，在幼童服装区，视觉化的柜体比作裹婴布进行包裹，用纯白亚麻布包裹概念体现幼童的纯洁、材质的自然，自然地引申至安奈儿的品牌文化。

中岛台的旧粗木元素以及男女童服装区展柜的旧木饰面更为空间中单纯的原生态氛围加入了一丝人文情怀。旧木经过时间的沉淀与如同新生儿般质感的衣物形成对比，让空间气质更加饱满。整个设计与安奈儿的品牌理念紧密契合。

01

02

03

04

05

01-02 橱窗外观
03 商店入口
04 原始木材和清水混凝土等原生态材质，为销售区域及整体空间营造自然原生态的氛围感
05 以质朴、粗糙的建筑材质对比温馨、贴肤的衣物，尤其衬托出产品的细腻质感

06 07

08 09

06 中岛台的旧粗木元素与如同新生儿般质感的衣物形成对比，让空间气质更加饱满
07-09 陈列柜的旧木饰面为空间中单纯的原生态氛围加入了一丝人文情怀
10-11 干净素雅的细节装饰如同幼童的纯洁
12 规整有序的商品陈列
13 橱窗街景

Brooks Brothers in Hongkong

Brooks Brothers 高级服装店

项目地点：中国香港
设计面积：80m²
完成时间：2014 年 5 月
客户：Brooks Brothers Group Inc
设计单位：Stefano Tordiglione Design Ltd
主设计师：Stefano Tordiglione
摄影师：Edmon Leong
主要用材：墙身：美国胡桃木、哑光白色油漆、哑光绿色油漆
地台：胡桃木地板、马赛克拼花地板 (Ariostea)
天花：哑面乳胶漆

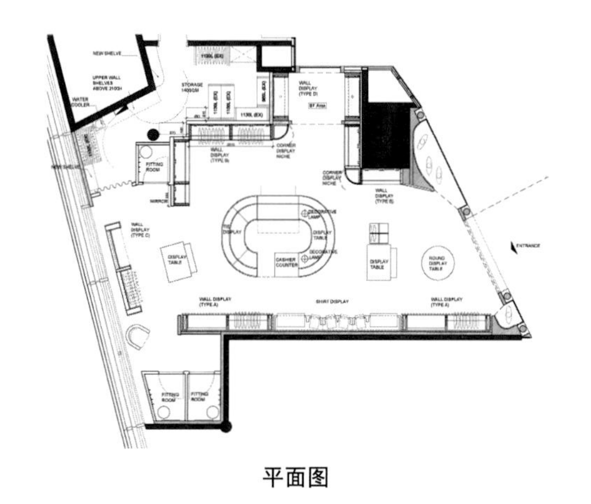

平面图

项目设计的灵感取自有近 100 年历史、坐落于纽约麦德逊大道 346 号的品牌旗舰店。店铺外墙上以石膏为材料的圆柱、柱顶和橱窗的装饰，均源自于纽约旗舰店的标志性设计，而店铺内天花的装潢亦是将总部的设计引入其中。

中央的吧台设计表达了对参观顾客的欢迎。店铺内不少陈设及装饰均是古董，以打造一个真正传承 Brooks Brothers 传奇的购物环境。以美国胡桃木及芝加哥樱桃木作为装潢的原材料，更为店铺平添一份品牌的传统元素。

设计同时也极具时代气息。吧台上方悬着工业风格的吊灯，试衣间的设计富有现代感。为了展示 Brooks Brothers 作为时尚潮流先驱所带来的多样化产品及高质量工艺，设计以大型的衬衫细节照片为装饰，暗示 Brooks Brothers 在时尚界写下的传奇故事。

店内处处可见对传统的传承。马赛克地板以纽约人行路的经典花纹为原形重新设计，在意大利手工制作而成，衬衫墙则将一件件品牌的经典衬衫以骨骼状的设计来展示，背部镂空的设计让每件衬衫都仿如浮动于半空之中。以淡绿色条纹作装饰的墙壁，设计灵感源于纽约公园大道上一所古老而又奢华的公寓。其外墙上的几何图案设计，则来自于 20 世纪纽约长岛黄金海岸别墅的窗花样式。

01 店铺外墙用上的石膏圆柱、柱顶和橱窗，均是取材自纽约旗舰店的标志性设计
02 吧台上方悬着工业风格的吊灯展现现代感设计
03 马赛克地板以纽约行人路的经典花纹为原形重新设计
04 淡绿色条纹作装饰的墙壁，灵感源于纽约公园大道上一所古老而又奢华的公寓

01

02

03

04

05 衬衫墙将一件件品牌的经典衬衫以背骼状的设计展示

06 美国胡桃木及芝加哥樱桃木作为装潢的主要原材料，为店铺平添一份品牌的传统元素

07-08 店铺内不少陈设及装饰均是古董

09 女装区

10 男装区

11 外墙上的几何图案设计，来自于 20 世纪坐落于纽约长岛黄金海岸别墅的窗花样式

12 试衣间是另一处展现现代感设计的地方

10

11

12

Poly Jewel Show Room Beijing

保利珠宝展厅

项目地点：北京
设计面积：150m²
设计单位：陶磊建筑事务所
主设计师：陶磊
完成时间：2014 年
图片来源：陶磊建筑事务所

保利珠宝展厅从自然形态中吸取灵感，营造出时尚与先锋的艺术氛围。在空间的布局上创造性地利用连贯的非线性内衬，退让出展示与服务性空间。两种空间互为内外，里应外合，形成了一个多变的极简空间，同时满足了展厅对自然光线和人工光源的不同需求。在选材上，为了营造出更具人文特色的珠宝展示效果，选用了纯实木为建造主体，希望将原始森林的气息带入现代都市，同时镶嵌少量的金属与透明亚克力，这不仅是构造的需要，也是与珠宝的工艺取得一种默契。

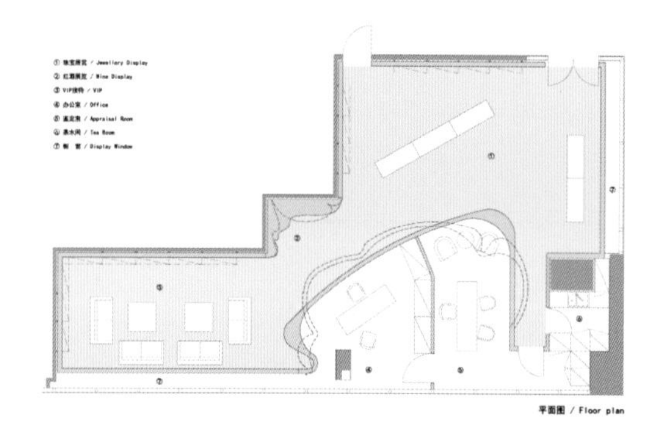

平面图

01 珠宝仿若静静地躺在自然深处，等待人类的发掘
02-03 人类仿若从远古的森林中走来

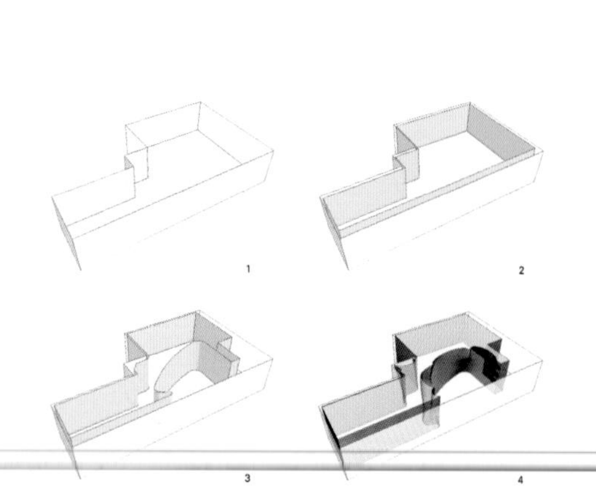

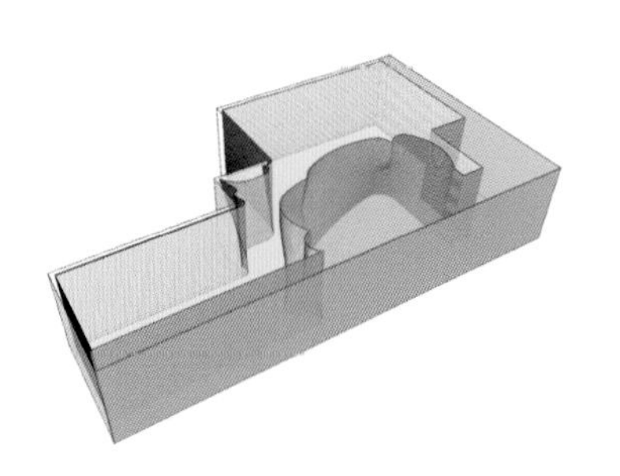

剖面图

02

03

04

05

04 透过木材缝隙的光如同被光滑的墙壁反射而成
05 此弧度展现了木材的柔韧
06 孔隙中的书既是点缀，也是收藏知识
07 门隐藏于木材之间
08 拐角处的木材细节

WE+SPACE

WE+空间体验中心

项目地点：河南，郑州
设计面积：2,000m²
完成时间：2015 年 7 月
设计单位：几何空间设计机构
主设计师：王宥澄、郭靖

"WE+ 空间"项目隶属正弘集团，地处郑州高新设计开发区核心地带，是一个定位为"为创客服务的青年交互平台"的项目。几栋小户型的建筑将满足年轻人的租住及创业需求，楼内设有共用的大客厅，提供洗衣、做饭、娱乐、休闲、学习、医疗等服务。

在全案的设计定位上我们提出了：自然、人文、梦想三个主题。

自然——我们选择了代表天空的蓝色系、大地的棕色系、森林的绿色系和原野的黄色系作为主色调。

人文——"以人为本"。我们要的是生活，而生活并不是一个人的。

梦想——对于生活我们充满了梦想，充满了渴望，所以设计师用了蓝色和黄色来表达这个伟大的名词。

此案是一个地产项目，设计师希望打造一个有充分体验感的空间，因此选择意大利的 TEKNAI 材料，突破传统家居装饰材料的局限性。以清水和原木为主，既营造了独一无二的个性空间，也具有原始的自然气息。徜徉其中，浑然天成的地面设计与原木桌椅的融合，错落有致摆放着的饰品与绿色植物，精雕细选的雕塑，使整体空间产生出几许柔和幽雅的味道，让人感到一种自然随和的惬意。

01 大门主入口
02 主形象墙
03 体验区通道内部 LOGO
04 体验区外通道
05 大堂门厅
06 大堂门

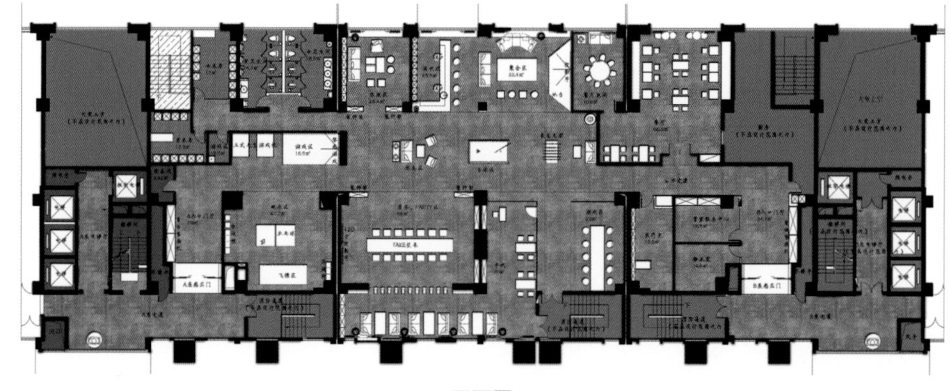

平面图

01

02

03 04

05 06

07

08 09

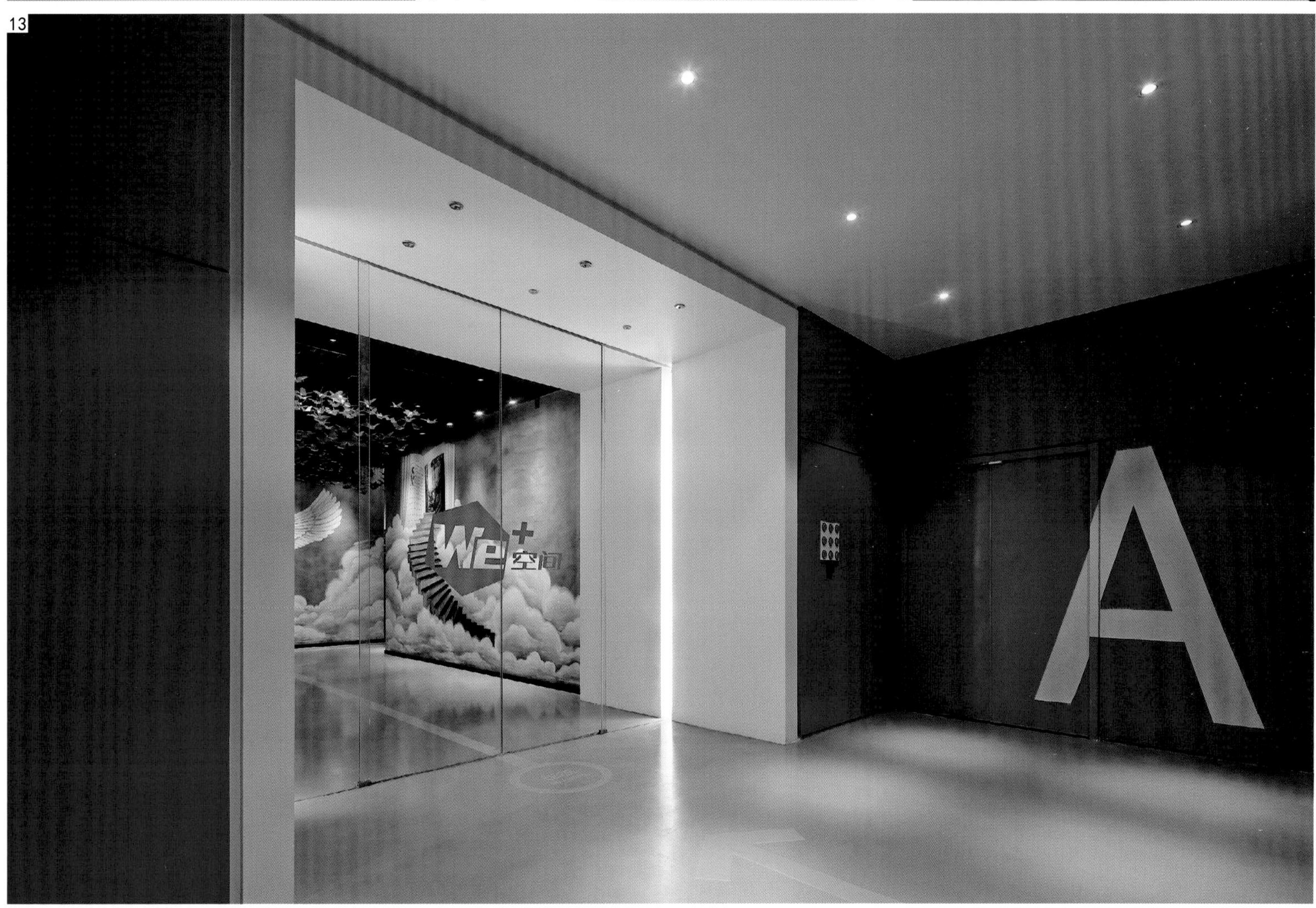

07 大堂空间
08 楼梯间
09 二层电梯间
10-11 过道景观小品
12 主形象摆拍区
13 体验区入口

14

15

14 活动空间
15 空间的延伸
16 墙面小品
17-18 聚会区
19 水吧区
20 桌球区

16

18

17

19

20

21

22

23

24

25

26

27

21 书吧
22 餐厅
23-24 休闲区
25 电竞区
26 卫生间
27 男卫生间

28 通往样板间
29 样板间走廊
30-31 男生公寓
32-33 女生公寓
34-35 双拼公寓
36-37 双拼办公公寓

男士公寓：Tomy 25 岁，自由插画师，智慧、率真、自由奔放，摄影和旅行是他的最爱。

女士公寓：Amy 24 岁，时尚杂志编辑，性格活泼干练，思想前卫、时尚有主见。我们给她了一个专属的颜色——玛莎拉红。

双拼公寓：静静和白哥，一对酷爱 MINI、热衷旅行的情侣。怀旧是他们的共同爱好，在这里有英伦，有格子，有他们的爱情！

双拼办公公寓：淘店主，三个 90 后的组合，淘缘三结义——经营各类美版手办。

06

07

08

09

08 图书墙
09 咖啡主题的体验式空间
10 空中的连桥以及设置在挑空区域独立的 VIP 空间
11 绿植长廊
12 简洁现代的模型区

10

11

12

Suzhou Greenland Center Exhibition Hall

苏州绿地中心展示馆

项目地点：江苏，苏州
设计面积：3,000m²
完成时间：2014 年 9 月
设计单位：上海曼图室内设计有限公司
主设计师：冯未墨、施骆伟、孔斌
摄影师：冯未墨
主要用材：罗马银龙玉大理石、海洋之星大理石、丝绸之路大理石、玫瑰金不锈钢、布幔、灰镜、黑镜、磨砂压克力

当人们进入建筑时，建筑给予情绪的感染，使得人们真正感觉到这座建筑是为自己而存在，建筑的价值便由此而体现。建筑如是，空间亦是。

作为吴江新的地标，展示中心以商业裙房为载体，是将几座塔楼与室外内街连接起来，组成一个全新的平面，将部分室外空间封闭，形成一个拥有独特情绪的空间结构。

水是不可或缺的精灵，经过一条水上小径进入到建筑内部。入则隐，门厅调动起来访者对空间的情绪，纵向 20 米高的入口门厅，几只水晶蝴蝶，舞着翅膀扶摇直上，黑色与镜面的折射丰富了空间的戏剧性。

地域文化与现代化的生活理念，作为精神性的创造活动，其中蕴含着人们对自然界、社会发展的内在规律和对未来生活方式的探索。吴江是吴越文化的发祥地，承载着历史的脉搏。越过门厅，我们来到接待区，顶部是一个 20 米长、5 米宽的“天幕”，“天幕”是净化心灵的一次旅行。地面上与其呼应的是蚀刻的“吴江赋”。

360° 的环幕形成了圆形的金属影音室，是了解企业文化的窗口。

沿着中庭的顺时针方向，放慢脚步，这里是三位一体的展示模型区。

设计师强调与自然融合的“天人合一”居住境界。试想：有次序、有渐变排列的布幔，若隐若现的透着天光，20 米高的挑高，吸纳着空间里的每一处思想，抬头仰望，呈现上升感的布幔，带着升腾的蝴蝶，飞入云霄，泉水叮咚入耳，俯身是环绕中庭的小水漫。寓意于物，以物比德。这里有我们对于地域文化与未来城市生活理念的感悟。

客人在体验过空间的层次与情绪之后，会来到一个我们称为“树”的洽谈空间。温暖的色调与细腻的质感呈现出温馨浪漫的空间表情，给人以轻松、舒适的参观体验。

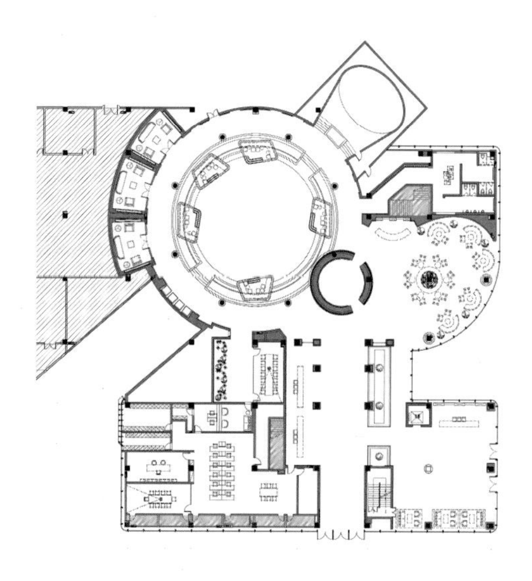

一层平面图

二层平面图

01 02

03

01 经过一条水上小径进入到建筑内部
02 入口门厅几只水晶蝴蝶，舞着翅膀扶摇直上
03 有次序、有渐变排列的布幔，若隐若现的透着天光

04-06 三位一体的展示模型区极具戏剧效果

06

07

08

07 接待区与大幅“天幕”相辉映的是地面上蚀刻的“吴江赋”
08 在体验过空间的层次与情绪之后，可以到达称为“树”的洽谈空间
09 360° 的环幕金属影音室
10 走道
11 会议室前厅

09 10

11

Live With The Beauty of Zhujiajiao

朱家角壹号售楼处

项目地点：上海
设计面积：1,000m²
完成时间：2015 年
开发商：绿地集团
设计单位：集艾室内设计（上海）有限公司
主设计师：黄全、储震、李伟
设计院队：王瑞

该项目所在地朱家角，紧靠淀山湖风景区，历史悠久，旅游资源丰富，素有“上海威尼斯”及“沪郊好莱坞”的美誉，是一个充满着历史沉淀的江南古镇。

售楼处基于当地的历史文化资源和地理位置，提出以“玉”为主题的设计想法，“万年精炼，百年冲刷，十年雕琢，独秀千秋”。把售楼处比做玉，寓意着我们的项目是经历了像玉一样的洗礼而形成的精华。让售楼处空间从简单的商业空间变成续写、阐述朱家角历史故事的空间，给客户不一样的看房感受。

整个空间中，墙壁连接天花，再加上层高的优势，大尺度的块面转折贯穿了整个售楼处空间，把水流的气势磅礴通过现代的、工业化的、具有设计感的形式展现出来，具象地讲述玉冲刷的历程，地面石材选用清水玉，来进一步强化空间的“玉”主题。项目沙盘通过倒圆角和磨边处理，在造型上塑造的更像一块百年冲刷洗礼的玉器，以此来强调玉的温润，通过这种手法来凸显售楼处空间的焦点、同时也是最有价值感的地方，让客户更加清楚地意识到项目给他们带来的前所未有的生活体验。

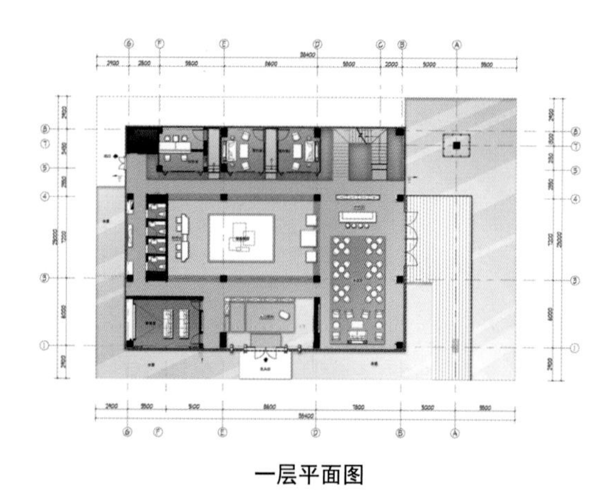

一层平面图

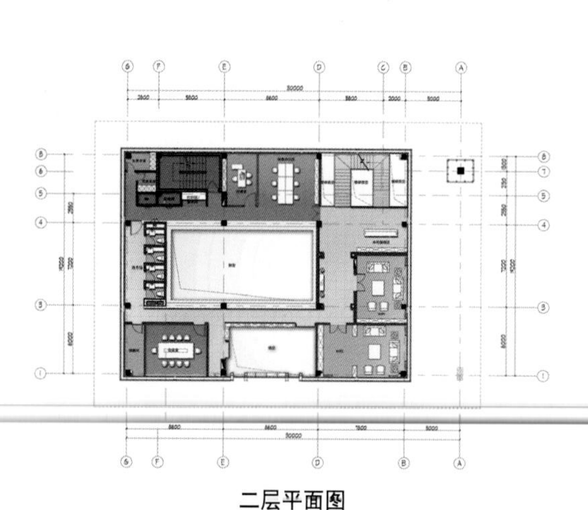

二层平面图

01

01 接待厅入口
02 地面石材选用清水玉，强化空间的“玉”主题
03 大尺度的块面转折贯穿了整个售楼处空间

02

03

04

05

06

07

08

09

04-05 展示区
06-09 洽谈区

Haipo Fenghua Show Flat

赵巷绿地海珀风华售楼处

项目地点：上海
设计面积：834m²
完成时间：2014 年
开发商：绿地集团
设计单位：集艾室内设计（上海）有限公司
主设计师：黄全
设计团队：方建、赖智

绿地海珀风华位于赵巷别墅区，是绿地集团携手澳大利亚顶尖建筑设计团队精心打造的“海珀”系列高端物业新成员。项目东至置鼎路，西至新通波塘，南至业煌路，北至和尚泾支流，总建筑面积约 8.9 万平方米，规划类独栋别墅为 2～3 层，叠加别墅 5 层，容积率 1.02，绿化率 35%。绿地海珀风华西临佘山，东靠虹桥，毗邻沪渝高速赵巷出口，车程 20 分钟直通徐家汇、虹桥枢纽等黄金商圈，周边更有宋庆龄国际学校、佘山高尔夫俱乐部、奥特莱斯购物中心、米格天地等国际生活配套。

从传统到现代，从东方到西方，跨界的风潮愈演愈烈。绿地海珀风华售楼处引入高端奢侈品牌的设计理念，国际化的设计品味，表达新锐的生活态度和审美方式的融合，创造出引人入胜的奢华体验。设计通过后现代手法演绎新古典，将欧式线条元素进行提取和精简，与不锈钢、镜面、皮质、水晶等现代元素巧妙融合，既有欧式的奢华、气派、高雅，又不失现代、前沿、新潮的设计感，跟项目的理念相互呼应。内部的每个元素都蕴藏传统与现代，东方与西方的对话，展现出其气派与精致的审美品位。也让置身其中的人留下难忘的视觉体验。

一层平面图

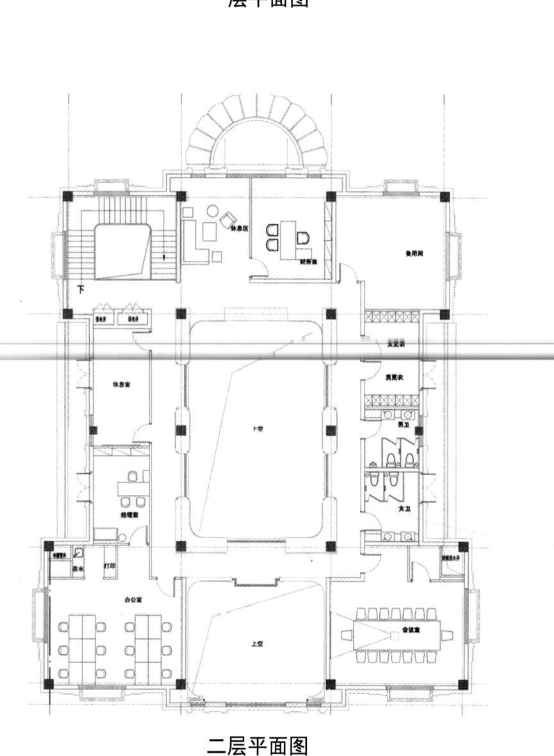

二层平面图

01

02

03

01 入口接待厅
02 展示区
03 洽谈区

04

05

06

07

08

09

10

11

04-07 即有欧式奢华、气派、高雅的品质感，又不失现代、前沿、新潮的设计感
08-11 每个元素都蕴藏传统与现代、东方与西方、气派与精致的审美品位

Sales Experience Pavilion of Time Lane

时光里销售体验馆

项目地点：广东，广州
设计面积：750m²
完成时间：2014 年
设计单位：纬图设计有限公司
主设计师：刘国海
参与设计：蔡斯瑜
摄影师：刘国海
主要用材：意大利蓝贝露大理石、古榆木木地板、非洲柚木素色开放漆、大花白大理石、不锈钢电镀青古铜、乳胶漆、墙纸

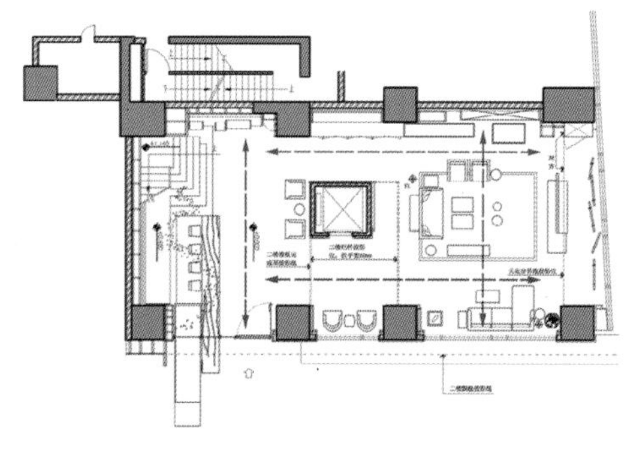

一层平面图

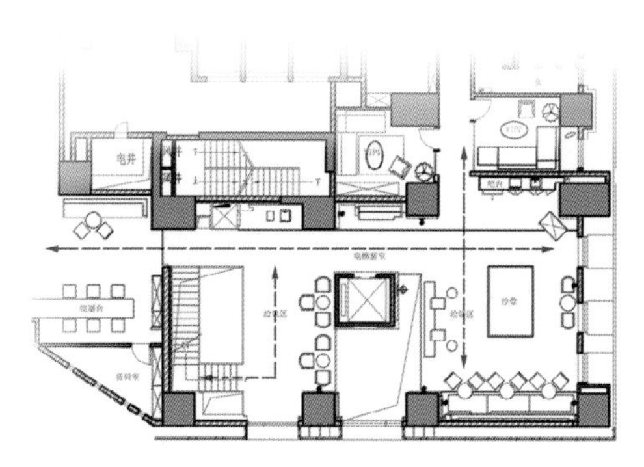

二层平面图

01 建筑外观
02 从西关老宅中提取空间的色彩和质感组合

时光里项目是力迅地产在广州开发的住宅项目，对于这个项目，设计师的设计主张：“传统”是依附在空间里呈现的场所精神，空间是骨架，“精神”是灵魂，而串连整个空间体验的“剪裁”——品质，将是现代生活和现代工艺结合后的结果。

在设计中我们力图转化传统的元素，并且以当代的生活方式去重新演绎，比方说从西关老宅中提取空间的色彩和质感组合：用老榆木地板、非洲柚木素深色模仿旧西关民宅老化的木色痕迹；灰色的蓝贝鲁石材替代做岭南风格必用的灰砖，模糊那些比较具象和符号的套路元素；同时点缀大花白石材再现明清圈椅上镶嵌白色云石的细节。用全新的材料推演出一个有抽象传统的记忆。

在功能组织上，我们希望不重复以往强烈的销售主题做法，而是希望能冲淡买卖的痕迹，让顾客随兜转的动线，漫步上下两层，充分体验整个空间，并在驻停、参观、洽谈的轻松氛围里自然的完成销售行为。在空间构成上，原建筑现场长而窄，硕大阵列的结构柱，使不高的空间显得沉闷和“仪式化”，无法体现设想中亲切的销售情境。去仪式，去“神性”，用切割和构成来溶解结构体量，我们利用楼梯和电梯打开两个中空天井，把因为巨大的柱子而全部呈现竖向的空间横切成互相交织的构成关系，丰富上下空间的交错融合，同时制造上下两层空间或人的“对话”可能，并通过这种组合把原本不大的空间“放大”。

软装氛围，我们没有运用大量的古典家具，而是在形式和构成美感上寻找和中式传统美有共性的款式。用比较朴实的颜色去贴近整个空间淡淡的格调，不做过分张扬的装饰，只在某些空间纹理上暗合某些中式的痕迹。在照明设计方面，我们刻意把过道和中空空间照度降低，减少天花射灯的数量，刻意去减少处处强调展示的痕迹，增加体验的情景气氛。同时空间昏黄的氛围更接近怀旧的煤油灯和钨丝灯泡的效果。在洽谈聚集人流最多的地方布置一定数量的壁灯，用水平光提高人脸的辨识度，并横向洗淡顶光造成的阴影。这一切的照明设置，塑造了一个轻松优雅的空间氛围。

漫步于销售中心之中，翻动茶几边有关广州印迹的书籍；或是一抬头，瞥见一张不起眼的画作；壁龛里残旧而妩媚的彩色锦盒；还有案上几支翠绿的盆栽，对中国旧西关的回忆，一点一点悄悄浮上来。

01

02

03

04

03 一楼洽谈区
04 轻松优雅的空间氛围
05 室内外景观互动
06 传统与现代的结合
07 缓缓而上的楼梯
08 昏黄的空间氛围更接近怀旧的效果

05 06
07 08

09

10

09 二楼休息区
10 洽谈室
11-13 空间细部装饰
14 空间俯视效果

Jakaranda Garden

紫薇花园会所

项目地点：上海
设计面积：2,560m²
完工时间：2015 年 1 月
设计单位：大观·自成国际空间设计
主设计师：连自成
参与设计：金李江、孙杰
主要材料：米白洞石、冰河白玉、深浅卡布基若大理石、黑檀木饰面、深茶镀钛不锈钢、般龙地毯、贝壳马赛克
摄影师：张嗣叶

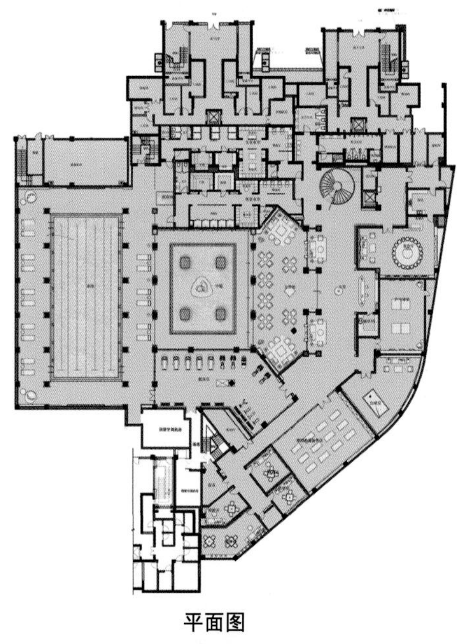
平面图

历时三年的宝华·紫薇花园项目终于在 2015 年初浮出水面。我们一贯着眼于精品豪宅的设计，坚持很高的设计标准。在项目前期，我们就参与建筑规划，将其与室内设计相互配合。由于室内变成了更具主导性的部分，建筑内部空间的布局和设计也变得更加人性化，建筑、景观和室内空间相互配合共同提升。因为工期较长，设计得以细化、深化，品质得到充分的保障，这样的空间作品将更能经受时间的考验。

本案主设计师从业 20 多年来，坚持认为"优良的设计"就是要做到精致且无可挑剔。具体到本项目，设计团队尽可能地去考虑空间的"包容性"——在不同空间，对家庭角色进行全面照顾，仔细斟酌他们的功能需求。于是，会所的功能空间考虑了居住者生活的方方面面，如健身房、休闲娱乐的棋牌室、会议室、家宴厅等。我们认为，身临其境的体会是设计的出发点，设计目的就是让人们对"家"以及梦想的期待完全被激发出来。

01 洽谈区
02 贵宾室
03 楼梯

01

02

03

04

05

06

04 庭院造景
05 游泳池
06 健身房
07 棋牌室
08 家宴厅

Zhongshan Mansion Sales Center

中山润园售楼中心

项目地点：上海
设计面积：935m²
完成时间：2015 年 1 月
开发商：上海磐润置业有限公司
设计单位：大观・自成国际空间设计
主设计师：连自成
设计团队：曹重华 孙杰
摄影师：张嗣叶
主要材料：影木、胡桃木、水云石大理石、灰木纹大理石、黑钛不锈钢、灰镜

对于设计而言，营造一个三维立体的空间并不难，难的是在空间内注入生活——我们将其称之为"人情味"。进入售楼处大厅有一种置身于鸟笼的空间感，它是对蝈蝈笼原型的再创造。鸟笼在古代常出现在达官贵人手中，是尊贵的标志。将其设在售楼处最显眼的地方，旨在传递一种情愫——以鸟笼之名致敬历史，令中国风得以具象体现的同时，也让"偷得浮生半日闲"的惬意之情弥漫于整个空间。

项目地处上海凯旋北路，紧邻苏州河畔。设计也巧妙地将古风古韵及其洒脱的姿态隐于中山润园售楼处 935 平方米的空间中。

设计不仅要在情理之中还要在意料之外，整个售楼处的设计弥漫着写意自然的气质，但仔细观察不难发现，细节之处的考究突出了其尊贵奢华的本质。悬挂于大厅中央的"万重山"由 25 万颗璀璨的水晶组成，由六名经验丰富的技师耗时两个月的心血做成，它以连绵山峰的造型出现，和门口的桃花相搭配，不仅映衬了传统中国风的主题，也在一定程度上彰显了售楼处的大气磅礴。

所有的装饰品均由私人订制，用水云石的线条及质感来表现东方美学的意境，以健康环保的 PVC 材质编织成的大地色地毯配以木皮色家具，传递着浓郁的中式风情。不仅如此，景泰蓝、铜器、荷兰青花瓷、Tom Dixon 灯具错落有致地点缀于空间，让传统与现代不期而遇，共同演绎出美轮美奂的视觉效果。

01

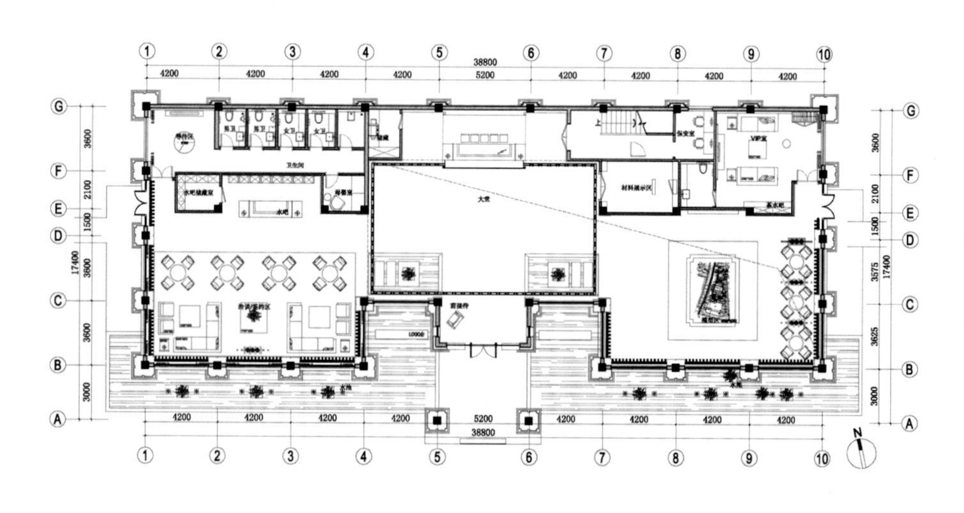

平面图

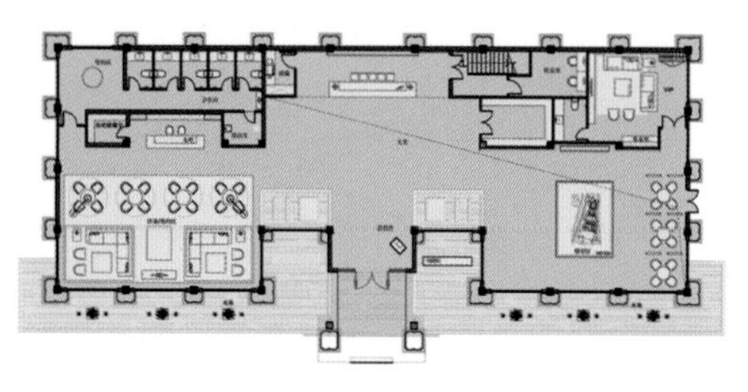

彩色平面图

01 大堂仿佛置身于鸟笼的视觉想象
02 悬挂于大厅中央的"万重山"和门口的桃花相搭配，不仅映衬了传统中国风的主题，也彰显出售楼处大气磅礴之势
03 水云石的线条及质感表现东方美学的意境

02

03

04

05

04-05 洽谈区
06 大气稳重的东方气质
07-08 艺术装饰

COFCO Ruifu Sales Office

中粮•瑞府售楼处

项目地点：北京
设计面积：2,000m²
完成时间：2015 年 5 月
设计单位：上海朱周空间设计 Vermilion Zhou Design Group
主设计师：周光明、洪宸玮
摄影师：吴俊泽

作为一个高端住宅的项目，中粮瑞府位于北京朝阳区孙河地带，它不仅着眼于市场定位上的价值，更希望通过对中国文化的反刍，将东方美学更精准的提取出来，从建筑到室内，创造出“府中有园，园中有府”、新式的中国宅第体验。

在售楼处的设计上，我们强调东方美学中“闲隐游赏”的“游”“赏”，体现出文人雅士闲适和乐，并强化品牌精神，把自然元素带给一物一景。大面金属框边、水墨纹理的大理石地面、茶镜立体三角柱衬托出整个大堂空间的大气奢华。空间的花格门都是来自品牌 LOGO，强化品牌形象。

地面材质的概念是运用水流的元素，大堂地面水墨纹理大理石，洽谈区和沙盘区铺满波纹地毯，沙盘区的金属格栅内嵌山形图样，将自然元素引进配合着自然面石材底座的沙盘模型台，在华丽的空间中体现出了东方的韵味。

天花运用了简单的叠层配合玫瑰金拉丝的金属条，天花元素的贯通，使整个空间的整体性更强。来到二层大堂，山形图案的软膜天花、黄色的布艺硬包、打造出东方奢华层次。

在“游”“赏”之间，“人”在其中，循序渐进，体验的是自然，也是最纯粹的奢华。

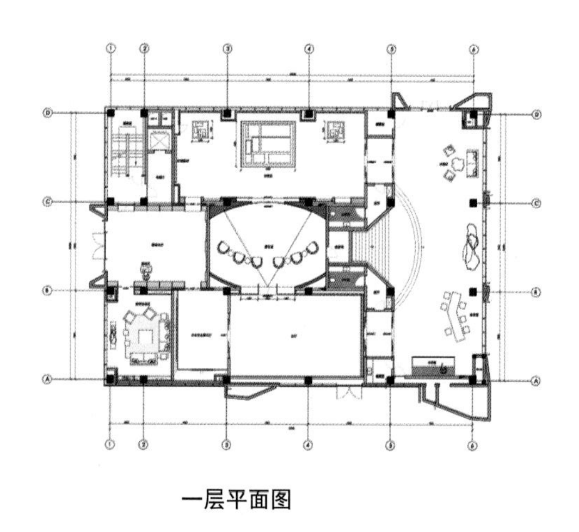

一层平面图

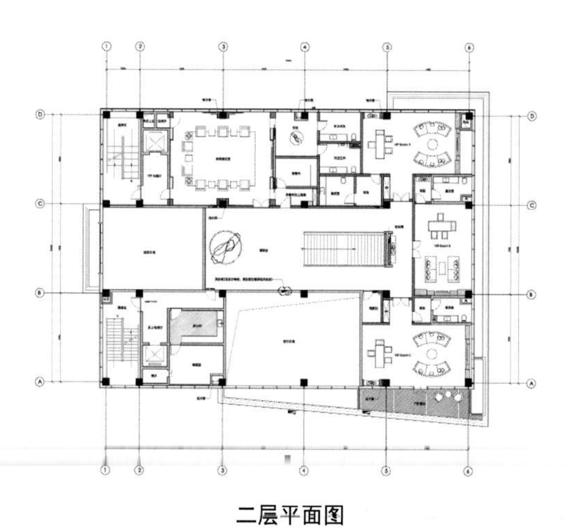

二层平面图

01

01 庭院景观
02 水墨纹理的大理石地面、茶镜立体三角柱，衬托出整个大堂空间的大气奢华
03 自然元素的引进在华丽的空间中体现出了东方的韵味
04 花格门是来自品牌 LOGO，强化品牌形象

02

03

04

05 06

07

05-07 波纹地毯、水墨山水的墙面强调东方美学
08-10 山形图案的软膜天花、黄色的布艺硬包、打造出东方奢华层次

Xi'an Vanke High-tech Huafu Sales Center

西安万科高新华府售楼处

项目地点：陕西，西安
完成时间：2014 年 12 月
设计单位：李益中空间设计有限公司
室内设计：李益中、范宜华、黄强
软装设计：熊灿、刘灿灿、欧雪婷
主要用材：古木纹、波斯海浪灰、白色人造石、雅柏白、蓝金沙

本案设计通过巧妙的空间分割，建立空间序列，创造空间节奏，在“起承转合”中完成了销售流线。

设计用“先抑后扬”的手法来突出核心空间。接待前厅中用四个大小不同的“盒子”压低空间高度，但同时用金字塔的负形消减了“盒子”的重量感，仿若一个轻盈的光罩。这种造型被反复使用，比如在单体模型和水吧之上，成为标志性空间中的造型，并且界定了特定的区域。穿过企业文化展厅，到达 6 米高的模型区域，该空间为售楼处的核心空间，悬挂在空中的艺术水景吊灯蜿蜒飘荡，成为了视觉焦点。洽谈区再次降低天花的高度，天花饰以木饰面，形成强烈的包裹感，木饰面与地毯、家具、软装、艺术品搭配，柔化了空间质感，塑造了舒适的空间氛围。

设计以简洁界面为主，尽量消减形体重量，以保持“干净”和“轻盈”。同时，界面的设置也讲究通透，各个空间之间能相互引申，相互借景。

本案以浅黄为主色调，蓝金沙与波斯海浪灰的地面则为浅黄托底，为空间建立必要的稳定感。洽谈区是客户停留时间最长的地方，绿、咖啡色及浅木色的搭配营造了生机盎然的鲜活气氛，特别是墙上大幅的绿色系艺术挂画与整个氛围相互映衬、相得益彰。设计有时也需要一些小趣味、小心思，本案用“千纸鹤”作为陈设的一个元素，在不同空间使用，去活化整洁的空间界面，增添一份趣味和轻盈感。

01

01 接待台
02 用“千纸鹤”作为陈设的一个元素，活化整洁的空间界面，增添一份趣味和轻盈感
03 接待前厅中用四个大小不同的“盒子”压低空间高度，但同时用金字塔的负形消减了“盒子”的重量感，仿若一个轻盈的光罩

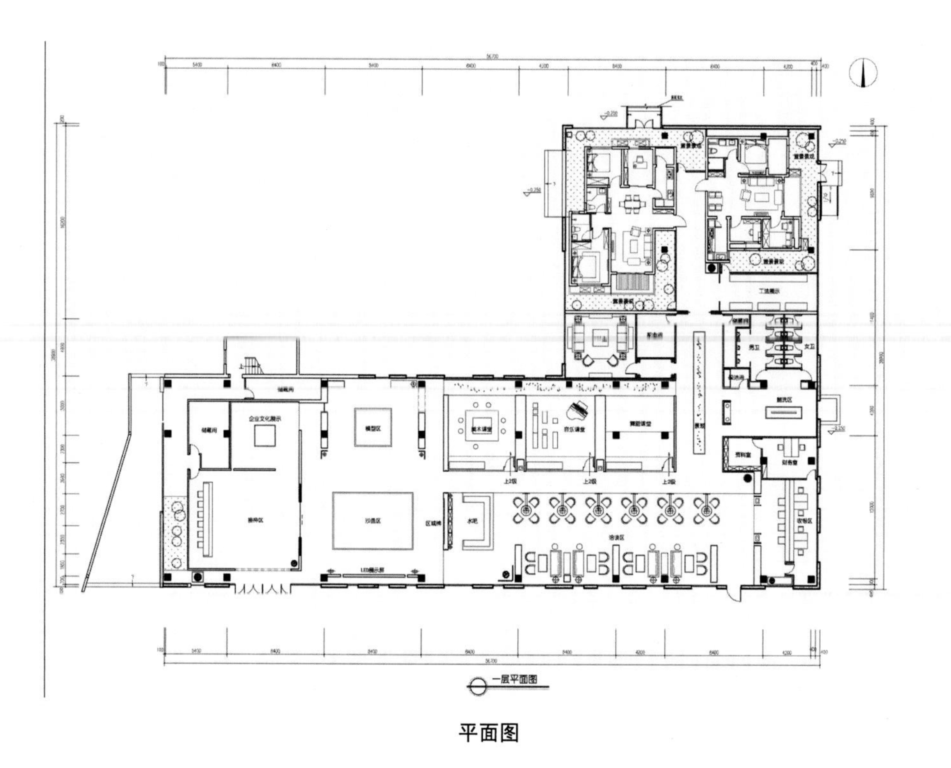

平面图

02

03

04

05

04 6 米高的模型区域为售楼处的核心空间，悬挂在空中的艺术水景吊灯蜿蜒飘荡，成为了视觉焦点
05 各个空间之间能相互引申，相互借景
06 洽谈区绿色、咖啡色及浅木色的搭配营造了生机盎然的鲜活气氛
07 墙上大幅的绿色系艺术挂画与整个氛围相互映衬、相得益彰

06

07

08

09

10

11

08 签约区
09 浅黄为主色调，蓝金沙与波斯海浪灰的地面则为浅黄托底，为空间建立必要的稳定感
10 活动室
11 卫生间

GIC Chengdu Central Square

绿地GIC成都中央广场

项目地点：四川，成都
设计面积：2,700m²
完工时间：2015 年 3 月
设计单位：赵牧桓室内设计研究室 MoHen Chao Design Assoc.
主设计师：赵牧桓
设计团队：ANA PATRICIA CASTAINGTS GOMEZ，Denise Bechis，雷玉荣，赵自强，李欣蓓
摄影师：黎威宏 LEO
主要用材：玻璃纤维加强石膏板、木材、PVC 地板、不锈钢、大理石、白色涂料

项目位于成都市中心地带，作为一个展示空间，其设计突破了传统的表现方式，希望访客能在室内细部和建筑外部之间进行灵活的互动，体验一种现代的生活方式。

项目以水和自然为设计灵感，营造了一个流畅的、不间断的动态空间，律动的几何形状由建筑外立面延伸到室内空间，统一的造型连接着景观、建筑和室内设计，整体空间形成不间断的飘带状线条感，螺旋式向上旋转的楼梯造型将整个空间分隔成不同的功能区域。上下两层共 2700 平方米的空间包含了大型展示厅、接待区、酒台、休息室、商务贵宾区等功能区域，散落在富有艺术气息和雕塑感的家具摆设之间。

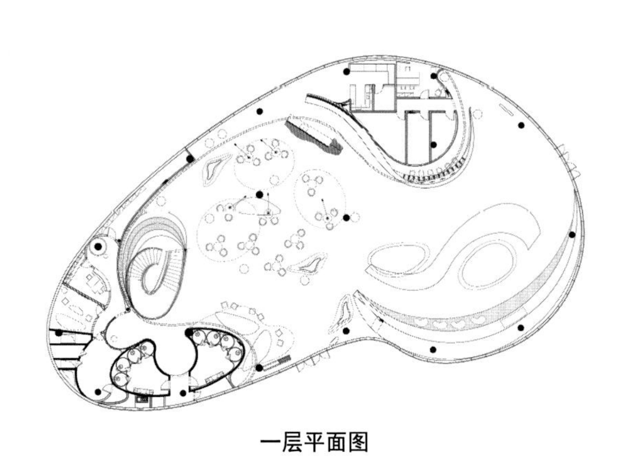

一层平面图

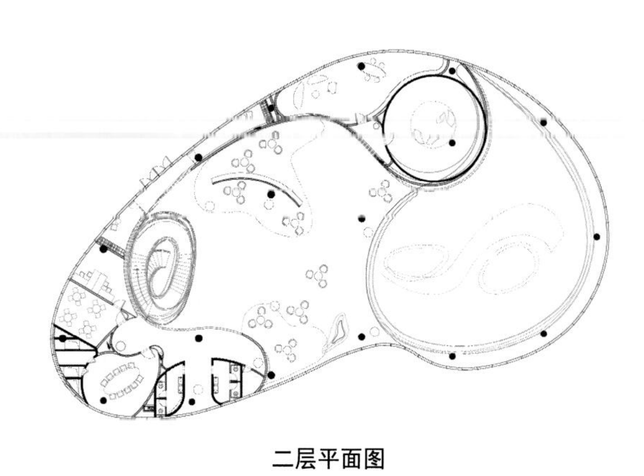

二层平面图

01

02

01 在展示区的中心，设有一个大漩涡模拟天窗；强调了中心空间焦点，椭圆形的楼梯和展示空间，营造每个区域能有一个具有柔和均匀的光线，突出了内饰的优雅感官体验
02 展示区

03

04

03 接待台
04 展示区，从二层可以看到彩带状雕塑的动态曲线及柔和的边缘，包覆了沙盘模型区，不锈钢吊顶雕塑强调了展示区域
05 洽谈区使用 GRG 作为材料，达到空间和家具的曲线美和蜿蜒的形式
06 色块注入了现代与自然的感觉，有一个白色亮点，与景观中提取的绿色和橙色形成对比

05

06

07

08 09

10 11

12

13

07 椭圆形的楼梯作为一个核心要素，以连接两个层面的浪漫体验，给体验者带来惊喜，充满活力，灵活性和互动性，定义了展示的传统界限

08-11 不锈钢挂饰从天窗顶处吊下至楼梯的中心点，强调了一楼和二楼之间的连接

12-13 售楼处二层提供了一间休息室，多媒体区和接待贵宾的私人空间

Xiamen Bao Long Yi city Sales center

厦门宝龙壹城售楼中心

项目地点：福建，厦门
设计面积：1,500m²
完工时间：2014 年 10 月
设计单位：KLID 达观国际设计事务所
主设计师：凌子达，杨家瑀

该项目的业主宝龙地产，是中国最大的城市综合体开发商。这是一个城市综合体的销售中心，而它必须满足销售、招商、展示的三大功能。该项目的建筑，景观，室内和软装都由达观国际设计完成，希望能够达成四位一体化的理念。

销售和招商是两个相独立的功能，而它们又必须紧密地结合在一起。所以此项目设计的主题为"相对"与"融合"，并探讨如何找到相对与融合的关系。

把销售区和招商区分别成为两个独立的体块，平行并排，然后再交错、切割、重叠，最后融合成为一个整体，并借由形体交错的位置，置入了一个玻璃盒（展示区），而销售和招商则共同使用这个展示区。

01

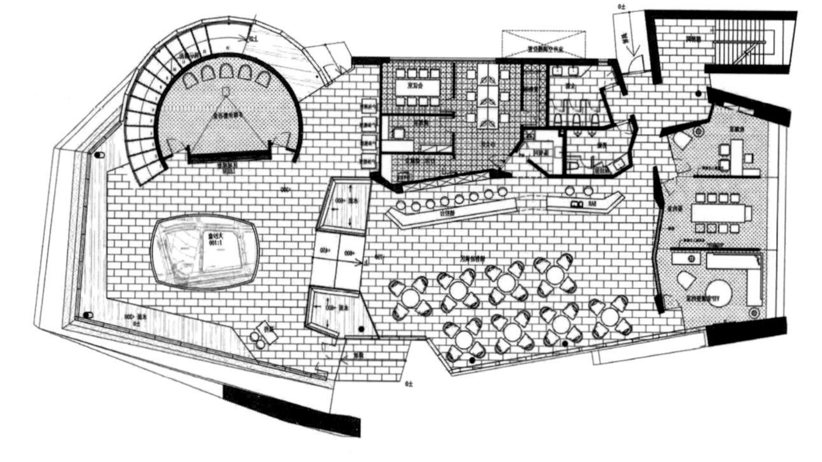

01 建筑外观夜景
02 入口处
03 建筑外立面
04 建筑水景

02

03

04

05

06

05-06 展示区
07 接待区
08 洽谈区
09 二楼招商区

Shanghai Vanke Emerald Riverside Hospitality Center

上海万科翡翠滨江营销中心

项目地点：上海
设计面积：3470m²
完成时间：2014 年
设计单位：PAL 设计事务所
总设计师：梁景华
摄影师：鲍世望

项目是万科在上海浦东的新楼盘，PAL 设计事务所负责其会所及精装样板房设计。本案部分采用了弧体设计，因弧体是无穷无尽的，能彰显大自然的美态。会所有三层，硬装和软装结合，贯穿三层的弧形墙采用带有雕刻感的石，成为空间的一大亮点，天花的框框弧线造型雅致，别具美感。从室内到室外浑然一体的艺术和抽象的造型为空间带来张力感。

请谈谈客户对这个项目的要求。

梁景华：这是万科一个相当重要的楼盘，售价非常高，客户希望会所是时尚、独特及有设计感的，借由设计传达出很强的讯息，即告诉消费者现在上海已经发展成具有国际水平和魅力的大都市，而这一楼盘能代表上海的未来。

您和您的团队的设计灵感来源于什么？

梁景华：我们力图打造极具力量感的设计，与建筑一起创造出一个流畅舒适的空间，利用弧线和与众不同的形态来表达空间的魅力，增加空间的趣味性及独特性。我们希望用弧线营造的特别效果能打动每一个进入会所的心灵，从而巩固万科的品牌形象。

请谈谈该项目的一些设计亮点。

梁景华：天花和地面运用了许多弧线组合，特别是连接上下两层空间的主楼梯不仅使用了白色涂料，而且设计成比较少见的弧体。墙壁运用了大理石，其特别的纹理在两块石面之间形成了丰富的细节。泳池是室内的亮点，天花由弧线波纹组成，给人以与海洋紧紧相连的感觉。贵宾房中大胆地运用了放大的鱼形，将鱼的线条美突显出来。中庭设计了现代莲花池，将水与莲花结合，加上抽象的莲花蓬和 LED 灯映射的效果，形成现代中式的美感，赋予空间抽象的寓意。

您对这个项目满意吗？您从这个项目中获得了什么感悟？

梁景华：我对这个项目相当满意，它把一个很平凡的空间变成一个独特的原创作品，虽然施工技术不十分完美，但也能满足设计的要求。从这个项目中我发觉现在的业主（或者大陆的客户）及用户接受能力越来越强，眼光提高了，设计要求也提高了，越来越能接受比较独特的艺术化空间。这个项目的设计过程中，也隐含了我们公司今后的发展方向，那就是努力创造更多独具特色的创意空间。

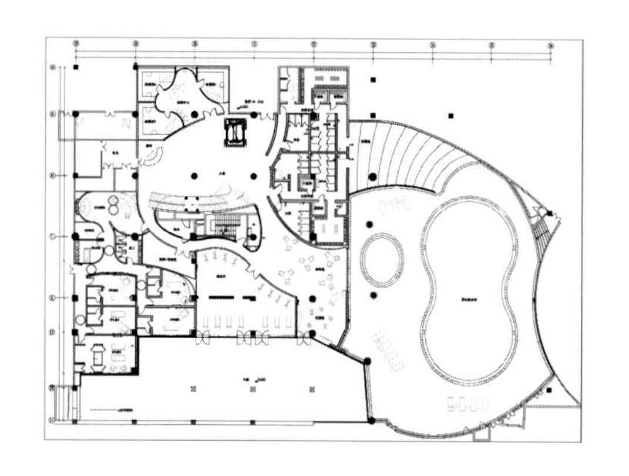

地下层平面图

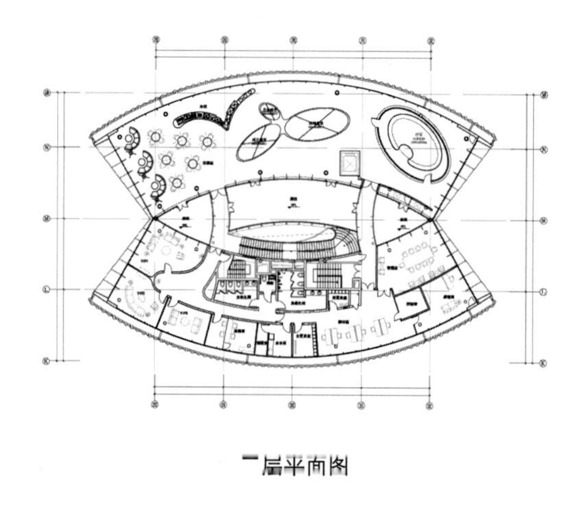

一层平面图

01 极具力量感的弧线和与众不同的形态表达了空间的魅力
02 大堂休息区

02

03

04

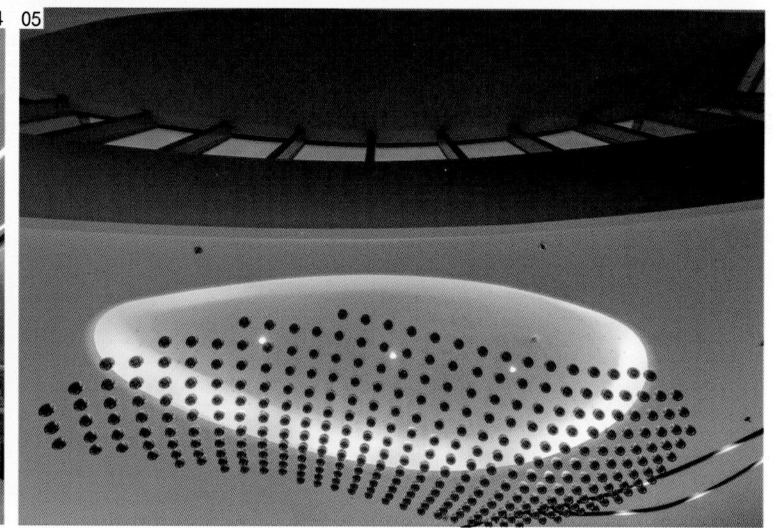

05

03-04 艺术和抽象的造型给空间带来张力
05 天花吊灯装置
06-07 两个贵宾房以鱼为主题，与地毯的波浪线条形成一个很漂亮的图画
08-09 楼梯的表面处理了线条和弧形的形态，贯穿三层的弧形墙用了带有雕刻感的石，使之成为亮点
10 中庭处抽象的水景，像河塘水色一样

06 07

08

09

10

11

12 13

10 11

12 13

14

15

16

17

18

14 卧室
15 谨慎的设计和细腻的陈设
16 卫生间
17 电梯间
18 庭院

Wuhan Gemdale Lanfeixi'an Show Flat E1 House Type

武汉金地澜菲溪岸E1户型样板间

项目地点：湖北，武汉
设计面积：224m²
完成时间：2014 年 10 月
设计单位：风合睦晨空间设计
主设计师：陈贻、张睦晨
摄影师：孙翔宇
主要用材：地面：月桂银灰石材、木地板；立面：混油木作、壁纸；天花：白色乳胶漆

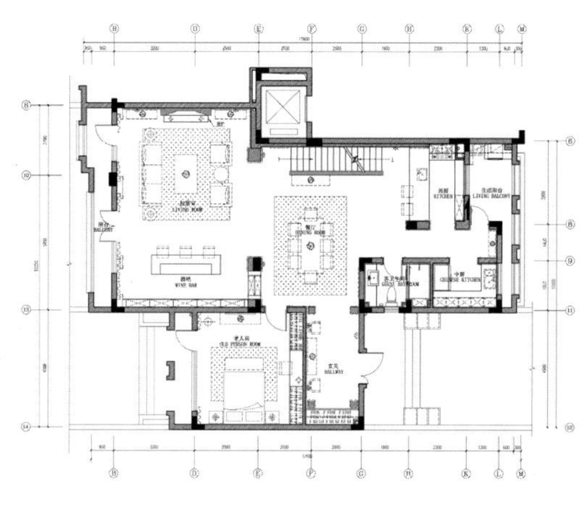

一层平面图

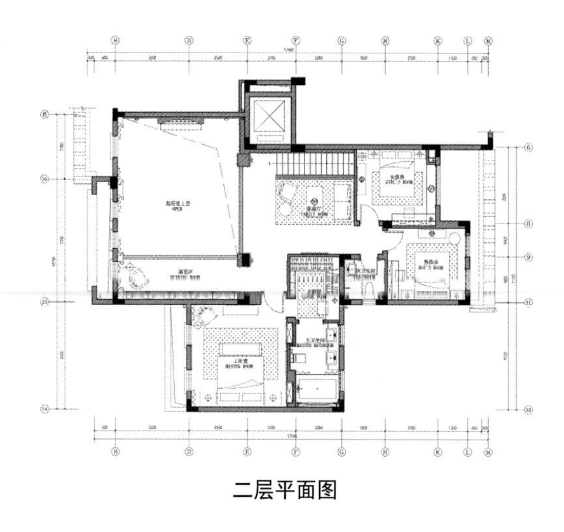

二层平面图

01 挑空空间中巧妙地增设了二层的连廊部分
02 欧式风格的基调上，散发出一种独特的现代艺术魅力

设计打造了一个优雅低调且时尚新颖的居室空间，虽然以鲜明的欧式风格为基底，整体空间却散发出一种独特的现代魅力，现代平面构成的视觉语言被巧妙地融入到空间，让使用者可以在优雅的艺术气息中享受温暖阳光下的蓝调生活，体味属于自己的静谧时光。

经过设计师的反复推敲，空间布局的精心规划，原有户型的功能劣势得以全然消除。设计师在挑空空间中巧妙地增设了二层的连廊部分，将纵向空间进行更为合理的划分，从而形成更为多变的空间感受和功能区域。内敛、低调的浅灰色被大胆用作背景底色，并辅以净透、跳跃的白色为点缀，营造出一种明快、简约的空间感。总体氛围融入了时尚、舒适、内敛的设计元素，突出居者沉着、睿智的生活阅历及高雅的艺术品位，展现出空间的立体感和特有的文化品位，同时也表达了空间使用者对生活品质及舒适居所的完美追求。

01

02

03

03 内敛、低调的浅灰色被大胆运用作为大面积的背景底色
04-05 餐厅
06-08 现代平面构成的视觉形式语言被巧妙地融入到空间中

04

05

06

07

08

09

10

11

09 跳跃的色彩点缀，营造出一种明快、简约的空间感受
10-11 空间展示出的特有的立体感受和文化品位
12 女孩房
13 男孩房

12

13

Kindom Villa A2 Sample House

金臣别墅A2户型

项目地点：上海
设计面积：685m²
完成时间：2014 年 9 月
设计单位：HWCD
主设计师：林宏俊、John Villar

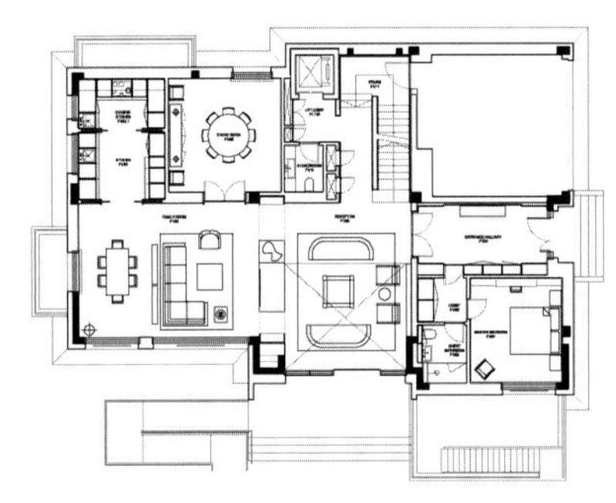

一层平面图

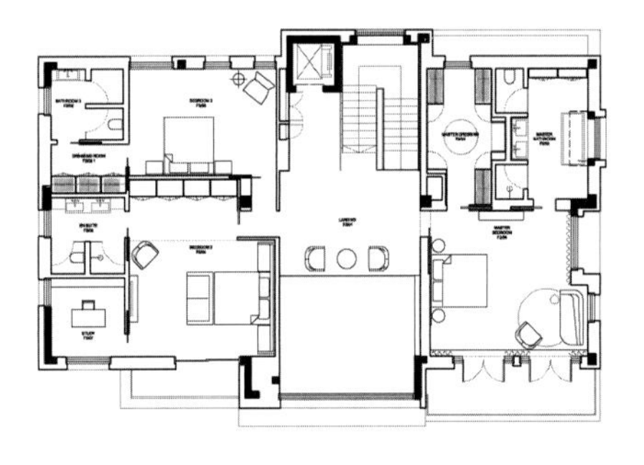

二层平面图

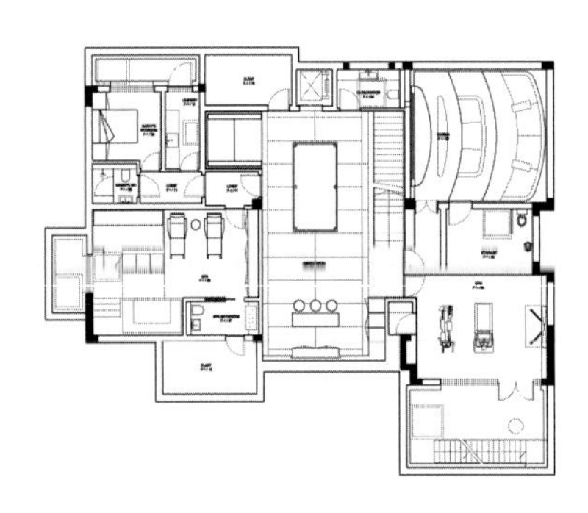

三层平面图

01 客厅
02-03 客厅细节
04 家庭室
05 早餐厅

坐落于虹桥核心的金臣别墅项目，包含 90 余座纯独栋居住建筑，由 650～1000 平方米大小共 12 种不同户型并配备 5400 平方米豪华会所。其现代奢雅英伦风格的建筑立面，从容舒适的大气尺度，化繁为简的精工品质，是上海这座国际化都市的理想栖居之地。

金臣别墅的 A2 户型样板房被定位面向社会成功人士。设计师们选择将经典的 Artdeco 装饰艺术融入时尚伦敦风格，赋予这栋样板房大气沉稳的鲜明个性。

基于重复、对称渐变等美学法则所创造出充满诗意且富于装饰性的符号元素被灵活运用到整个设计中去。设计师们将这些经典装饰艺术符号简化，通过金属线条的勾勒、珍贵石材的拼花，金属门套上的浮雕装饰，大大加强了空间的尊贵气质。米白、浅咖为底色；黑色、香槟金为点缀的配色方式更接近男性化的审美标准。而客房中普蓝、银白的配色运用则适当柔化了这种视觉感受。刚柔并济的设计手法使得整个样板房的受众度变得更广。

软装设计中，几何构成的吊灯、丝绒面料包裹的家具、密集点缀的摆件无不展现设计师们的细腻用心。从明暗色彩的对比、软硬材质的穿插到装饰物件的摆放，都经过深思熟虑。这也恰是古老尊贵的装饰艺术精神的最佳诠释。

01

02

03

04

05

06

07

08

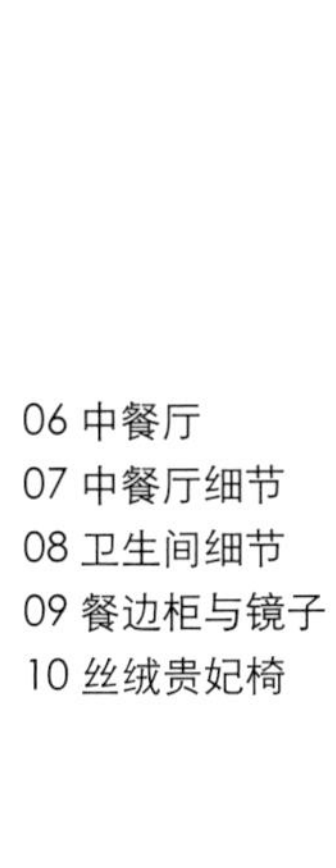

06 中餐厅
07 中餐厅细节
08 卫生间细节
09 餐边柜与镜子
10 丝绒贵妃椅

11

12

11 影音室
12 英伦风情
13 主卧
14 立体雕刻的皮质床背板
15 衣帽间

Oriental Bay B1 Sample House

云锦东方B1样板房

项目地点：上海
设计面积：460m²
完成时间：2015年5月
设计单位：HWCD
主设计师：林宏俊、邬斌

云锦东方公寓坐落于上海母亲河——黄浦江边。滨江邻水，又地处魔都各区中魔性最足的徐汇区，尊贵的地位已不需浓墨重彩地自我宣扬。此次HWCD受邀设计云东方B1户型样板房软装，首先明确的就是高端和低调，西方和中式的无缝结合。

由HWCD操刀的这个户型达到了460平方米。如此宽敞的生活空间，在上海这样的超大型城市中极其少见。而如何掌握好这个豪宅的尺寸，在设计中不流于纯粹财富的堆砌，及至形成儒雅而独特的风格，不仅考验设计师的眼光和品位，更是对设计团队的阅历，经验和积累提出了最高的要求。

“细节即上帝”是西人常引用的一句箴言，在设计界，尤其高端设计界更加如此。HWCD设计团队有着丰富的海外阅历和工作经验，在本案设计上贯彻了总体简洁优雅，细节完美尊贵的风格。

书房内的家具，造型轻盈简约，却是意大利传统工艺尽心雕琢而成。书桌小牛皮桌面配上卡纳莱脱胡桃木桌脚，一望即知的马鞍针法，传统的地包皮缝制工艺制作，无不显示主人的阅历和品位。而大胆的橙色应用，小饰品的色彩协调，带有强烈个人色彩的收藏展示，给了样板房一个呼之欲出的儒商主人形象。

这个儒商的屋主定位，也决定了大量东方元素的运用。从东方家具精巧的榫卯接口，到国画风格的奔马油画，到神似古代提篮的床头柜，这些细节把这个设计从遥远的欧洲都市拉了回来，最终停留在曾被称为“东方的巴黎”，以中西合璧而自豪自信的上海。云锦东方公寓设计，完全合拍于上海这颗虽然富有，但更看重品位与阅历的“魔都”之心。

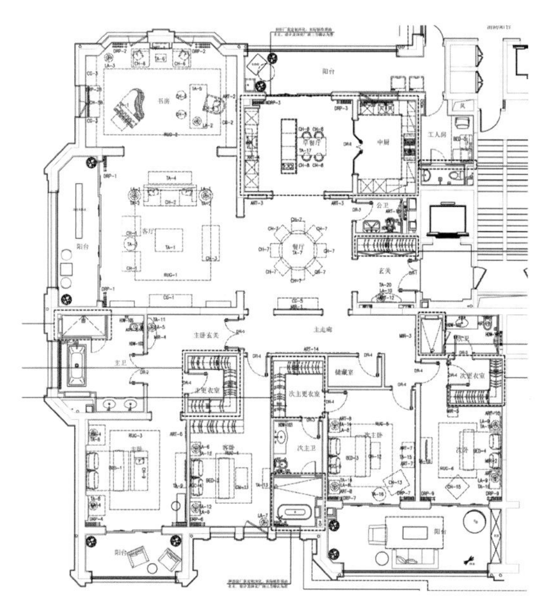

平面图

01 东方元素与现代风格相融合，简约而不乏细节
02 客厅内轻松的氛围和宽敞明亮的空间使人得到全身心的放松
03 精巧的东方家具的榫卯细节和意大利皮质家具的马鞍线缝制结合，简约而不简单

01

02

03

04

05

04 书房
05 宁静而儒雅的环境
06 主卧
07 衣帽间
08 东方元素与意大利工艺相结合

City Valley Villa Show Flat

城市山谷别墅样板间

项目地点：广东，东莞
设计面积：320m²
完成时间：2015 年 2 月
设计单位：广州共生形态创意集团
主设计师：彭征
设计团队：陈泳夏、李永华
主要用材：大理石、实木地板、烤漆板、硬包、不锈钢、墙纸

本案是针对东莞、深圳目标客户打造小户型联排别墅。项目位于广东东莞与深圳交界的清溪镇，清溪拥有得天独厚的山水资源，是一个鲜花盛开的地方。设计以“阳光下的慢生活”为主题，希望将项目的地理位置、建筑户型等优点通过样板房得以淋漓尽致的展现。

一层的起居空间充分沐浴着明媚的阳光，室内外的空间通过生活场景的设置有效互动，尤其是扩建的阳光房，成为客厅与餐厅之间个性化起居生活的重要场所。设计摒弃客厅上空复式挑空的传统手法，使二楼的使用空间最大化。顶层的主卧不仅设有独立衣帽间、迷你水吧台，还拥有能享受日光的屋顶平台与按摩浴缸。

设计摒弃了复杂的装饰、夸张的尺度及艳丽的色彩，以宜人的尺度、明快的色调及典雅的质感在空间中尽可能地留白，在城市的午后时光，带来了阳光和泥土的芬芳。

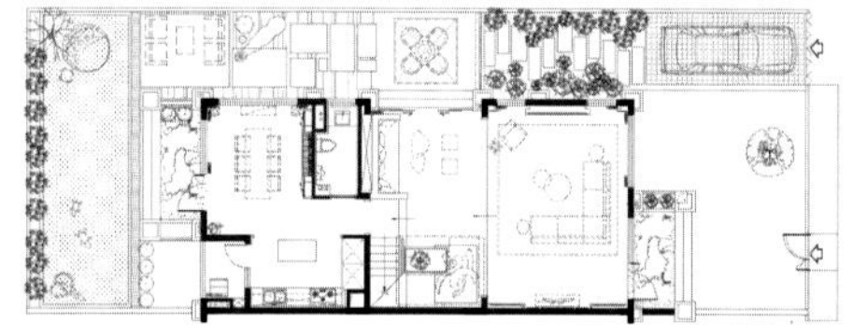
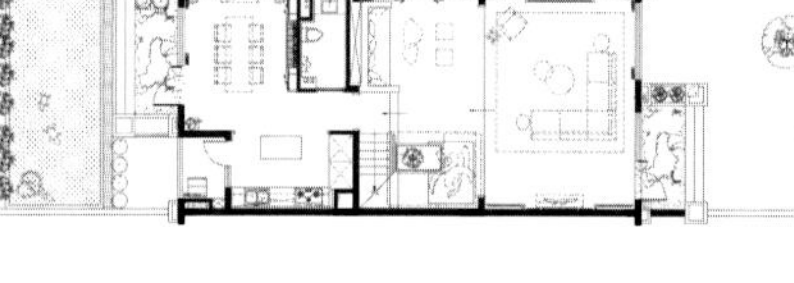

一层平面图

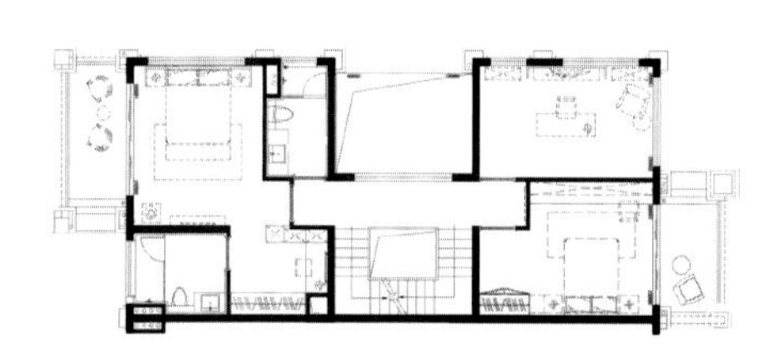

二层平面图

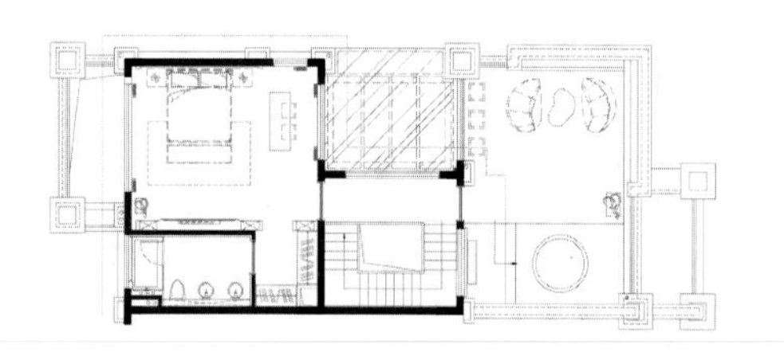

三层平面图

01

01 一层的起居空间充分沐浴着明媚的阳光
02 设计摒弃客厅上空复式挑空的传统手法，使二楼的使用空间最大化
03 起居室细节处理

02

03

04

05 餐厅
06-07 明快的色调以及典雅的质感
08 充足的阳光
09-10 卧室

08

09 10

11

12

13

11 空间中尽可能性的“留白”能容纳更多想象
12 主卧工作区
13 独立衣帽间
14 儿童房
15 卫生间
16 享受日光下的屋顶平台与按摩浴缸

14
15
16
DECOR
UNIVERSAL STUDIOS

Modern Chinoiserie

兆丰帝景苑二期官邸大平层

项目地点：上海
设计面积：600m²
完成时间：2015 年 3 月
设计单位：赵牧桓室内设计研究室 MoHen Chao Design Assoc.
主持设计：赵牧桓
设计团队：施海荣、赵自强、王俊、李欣蓓
摄影师：李国民 Lee kuo-min
主要材料：水泥板、大理石、胡桃木、黑檀木、镀钛不锈钢

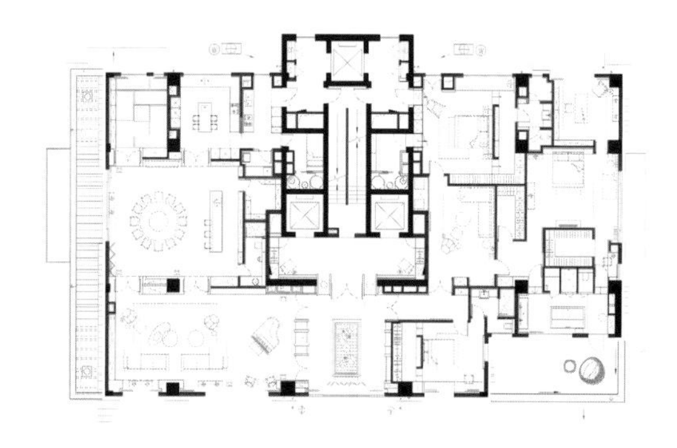

平面图

本案试图用一个比较简单的形式关系去表达一个大都会的居住方式，设计预设了两大前提，一个是现代的调性，另一个则必须带有东方的意念。现代理念比较好执行，只要界定它到底是前卫时尚还是相对保守就可以了。比较困难的是东方意念这个概念，到底东方意味着什么？

设计最终决定从地面着手去解释这个问题。中国人喜欢自然的东西，这是一种文化特性，比如喜欢石头——从搜集庭园景观造景用的奇石到欣赏大理石堆砌出的如画般的天然肌理。设想如果把这山水般的肌理加以放大铺满整个空间，应该会有点意思，于是设计师索性把自己当成画匠，以地面为画布，向其中泼洒墨水，地面造型就以此完成。

入口设计希望能维持早期东方中式住宅那种大宅门的味道，所以就有了大铁门加上两头镇宅的石狮子，但留了开口在石狮子后面，一方面可以有自然光渗透到阴暗的电梯玄关，另一方面主人不用开门也可以看到外面的来人。第一进的玄关是作为通往右侧公共空间和左侧私密空间的一个过渡，也是一个重要的起承转合的地方，更是开启这个宅子的纽带。每一个空间的连接处都安置了条形木门但是可以隐藏到墙里，这样主人可以依照特殊情况和需求分隔空间，从客厅到餐厅到收藏室都是依照此逻辑去安排，很自然地形成该有的动线。卧室的安排基本参照传统长幼有序的逻辑去布局。

01

02

01 大铁门加上两头镇宅的石狮子延续了传统东方中式住宅那种大宅门的味道
02 自然光渗透到阴暗的电梯玄关
03-04 大理石里面自然堆砌所成就出来的如画般的天然肌理铺满了整个空间

03

04

05

06

07

08

05 现代的调性的东方意念
06 餐厅
07-08 条形木门作为空间的连接和隔断

09

10

11

12

13

09-10 地下室
11 主卧
12 侧卧
13 卫生间

Juyue Banshan House Type

掬月半山样板房

项目地点：深圳
设计面积：158m²
设计单位：李益中空间设计有限公司
硬装设计：李益中、范宜华、关观泉
软装设计：熊灿、王雨欣
主要用材：蓝金沙大理石、灰金沙大理石、木地板、皮革、木饰面、墙纸、硬包、夹丝玻璃、手工地毯

本案位于深圳风景优美的大南山麓。设计旨在创造一个舒适、雅致、宁静的生活居所，因而选择了低彩度的暖灰色系作为主色调，用木、大理石、布艺、墙纸等带自然质感或纹理的材料来修饰空间界面，并用一些不锈钢、玻璃等材料来增强其现代感。灯光大部分应用点光设计，以加强明暗变化，营造宁静氛围。当然，作为陈设的软装设计也是极为考究的，围绕东方意境来铺陈的家具、绘画、装饰品与硬装的搭配一气呵成。

01 客厅以浅灰柔和的灰色调为主，在众多色彩中淡定自然
02-03 软装配饰尽显现代东方风情的韵味
04 低彩度的暖灰色系为空间主色调
05 书房

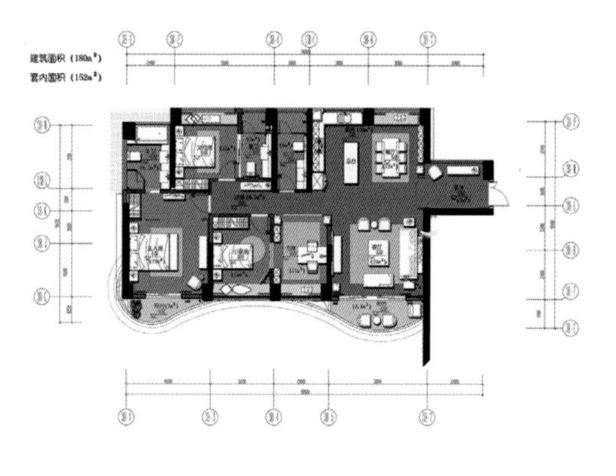

平面图

01

02

03

04

05

06

07

06 餐厅
07 灯光大部分应用点光设计，以加强明暗变化，营造宁静氛围
08 优雅奢华的气息中蕴藏着一丝东方韵味的闲适舒适
09 卫生间
10 儿童房

08

09

10

Sea Villa A1 Show Flat

苍海一墅A1样板间

项目地点：云南，大理
设计面积：180m²
设计单位：品辰设计
硬装设计师：庞一飞、袁毅
软装设计师：张婧、夏婷婷
主要用材：做旧实木地板、硅藻泥、水曲柳木饰面、爱情海灰石材、麻布布艺

冬日暖阳，甜点搭配日光，坐在户外坐席，看着飞鸟白云。光是这样呆呆地望着心情就会很好。隐隐约约可以看到不远处的炊烟和昨日泛舟的洱海。这样的空间纵享大理的所有，没有观光客的叨扰，能让人静静品味。

品辰将半地下室的空间关系重新梳理，目的是让可以看见的柔和日光渗入室内，让人忘忧。

策划一个理想的下午，与悠闲一起散步。逛逛当地的菜市场，亲自为亲人或者朋友，挑选食材，准备丰盛的一餐。可以发现生活中难以发现的想象世界，酝酿出许多鲜活的灵感，让创意能量不断累积。

定制的波斯地毯，羊皮手工灯，室内的暖色光线，让人想窝在室内。多少次到大理，新鲜感的期望值，已被它不断提升，感觉总要吸收些许与众不同。

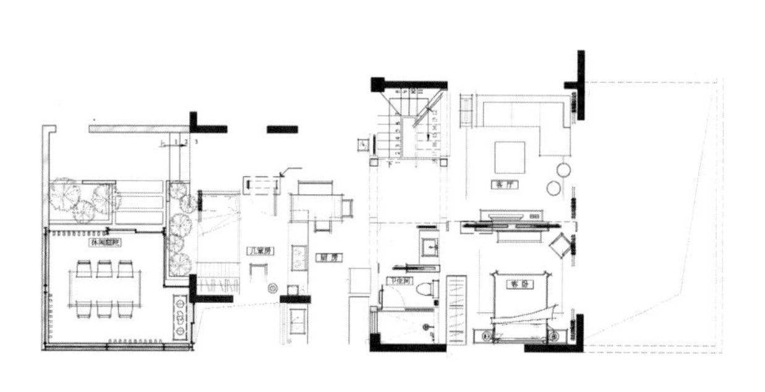
一层平面图

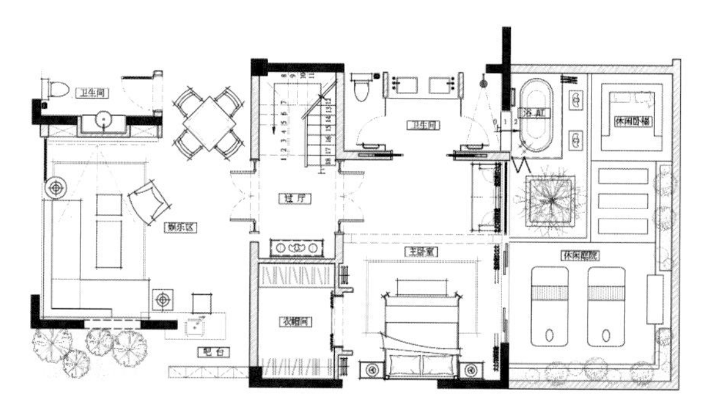
负一层平面图

01

02

03

01-03 精巧的细节配饰

04 定制的波斯地毯，羊皮手工灯，室内的暖色光线，让人想窝在家里

05 柔和日光渗入室内

05 厨房餐区

07

08

09

07-09 柔软的沙发、手工制作的羊皮灯、定制的波斯地毯，在暖色的光线下，让人想悠闲的窝在家里
10 卧室如同笼罩在冬日暖阳中
11 客卧窗外是林间私语

10

11

Gangtie Huigangdi Baidi Show Flat B6-06 House Type

港铁荟港邸白地样板房B6-06户型

项目地点：广东，深圳
项目面积：85m²
完成时间：2015年2月
主案设计师：郑树芬（Simon Chong）
参与设计师：杜恒（Amy Du） 丁静（Circe Ding）

平面图

本案设计舍弃流于表面的时尚演绎方式，转而以相对低调的风格与简约的轮廓来演绎产品的内涵。进入公寓，无论身处哪个空间，都能清晰地感受每个细节与整体空间之间和谐而统一的连贯性，无论是线条和轮廓上的利落与严谨，还是从风格到色调，都一脉相承。

简洁明净的开放式客厅、餐厅，墙体时尚的浅灰色，当阳光从一侧的落地窗照射进来，室内白色的天花及地板愈发显得时尚。设计师在地毯及挂画上以抽象形式进行探索和革新，让整个空间既摩登又包容，既个性又不乏深度。

色彩是一种直接感化灵魂的力量，带有紫色调的群青色是空间的主题色，既有无边际的浩瀚又有卓尔不群的高冷，紫色、金色、湖蓝色也时不时地跳入视线，极具魅力的米兰时尚元素也运用于其中。此时，你会发现连灯具的姿态都显得与众不同。

01

02

03

04

05

01 简洁而明净的开放式客厅
02 线条和廓形利落而严苛
03-05 软装细节处理上以抽象形式进行探索和革新

06

07

06 带有紫色调的群青色是空间的主题色，既有无边际的浩瀚又有卓尔不群的高冷
07 餐厅
08 卧室
09-10 时尚的紫色、金色、湖蓝色极具时尚魅影

Zi Bo The Great Wall Museum of Fine Art

淄博齐长城美术馆

项目地点：山东，淄博
建筑面积：3,795m²
完成时间：2015 年 1 月
设计单位：建筑营设计工作室（ARCH STUDIO）
设计团队：韩文强、丛晓、黄涛

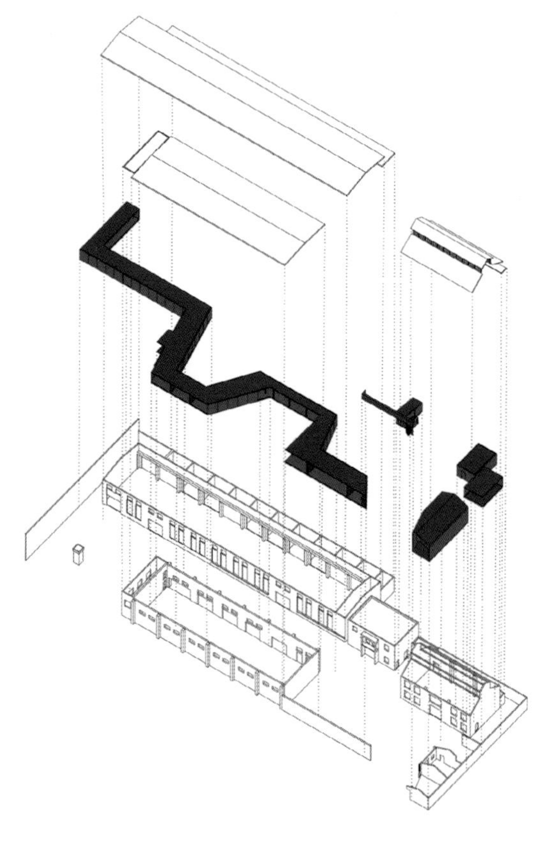

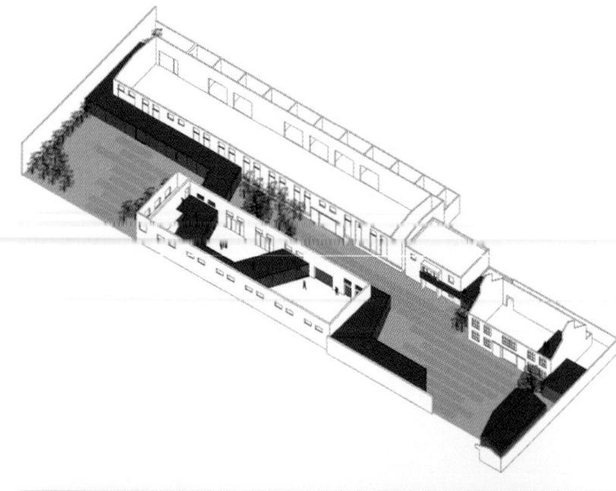

距离山东淄博火车站不远，在闹市的繁华背后隐藏着一片破旧的工业厂房。厂房始建于 1943 年，前身是山东新华制药厂的机械车间，为当时国家的特大型项目。随着城市化的进程，制药厂整体搬迁至新区，机械设备被尽数拆走，只留下这些巨大空旷的车间。荒废多年之后，如今这些厂房的命运迎来了新的转机。凭借大跨度的空间结构和朴拙原始的材料质感，这里成为艺术家们的向往之地，由此引发了一次从工业遗迹变身为当代艺术馆的改造过程。改造区域大约是一个占地面积约 3800 平方米规整的矩形，散布着 3 个厂房和大小不等的多处仓库。由于厂房地下设有人防设施，室内外地面均为混凝土，所以场地内鲜有树木。

基于原厂房分散、封闭的外部环境特征，设计着力于建筑内外转换和场地关系的“关节”处理，加强艺术活动的公共性、开放性和灵活性，促进人与艺术环境的互动，使废旧厂房重现活力。一条透明的游廊重新整合原有场地的空间秩序，穿梭于旧厂房内外之间，改变旧建筑封闭、刻板的印象，新与旧产生有趣的对话。玻璃廊道的曲折界定了多功能的公共活动，包括书店、茶室、艺术家工作室、研讨室等，也使得一系列艺术馆的日常活动成为艺术展示的一部分。由镀膜玻璃和灰色花纹钢板构成的廊空间悬浮于室内外地面之上，勾勒出水平连续的内外中介空间。随着游人的参观活动，视觉场景不断变换，镜像、映像、虚像反复交替。厂房内部最大化的保存工业遗迹的特征，适当添加人工照明和活动展墙，保持原始空间的灵活性。室外场地以干铺和浆砌鹅卵石板来塑造成一个完整的环境背景，局部覆土种植竹林，使内外环境交相辉映。

当前中国快速的城市扩张带来了诸多新的环境问题，因此对于被人遗忘的老旧建筑，也许除了拆除，还可以有更多的方式发掘和呈现其对城市的现实意义。而艺术恰好可以成为改变现实问题的一种力量。当代的艺术空间不仅是艺术品展示载体，更应该是包含居民多种公共活动与日常生活的丰富的场所。让城市更“好用”，让艺术更“生活”。

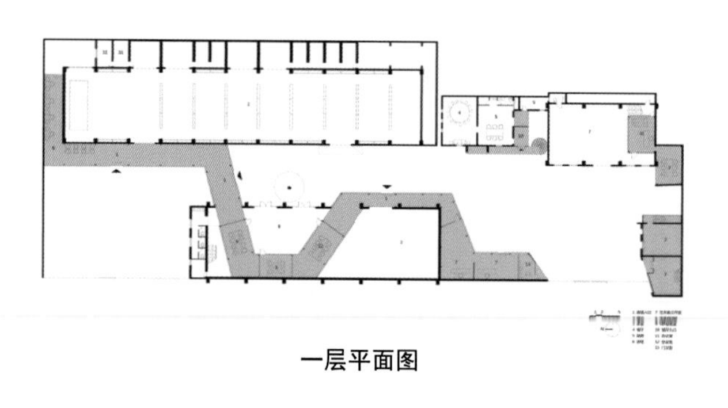

一层平面图

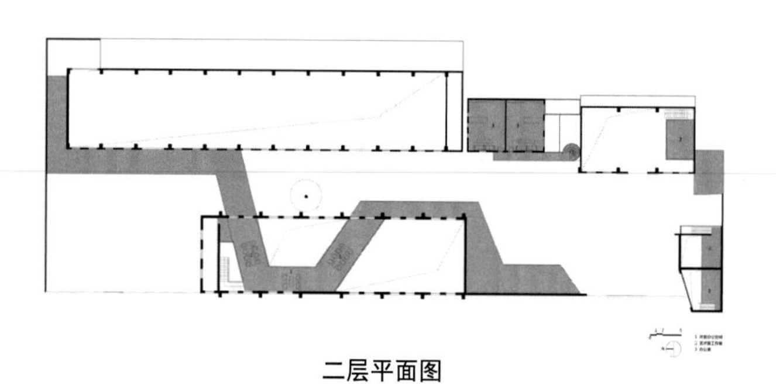

二层平面图

01

01 一条透明的游廊穿梭于旧厂房内外之间，重新整合原有场地的空间秩序

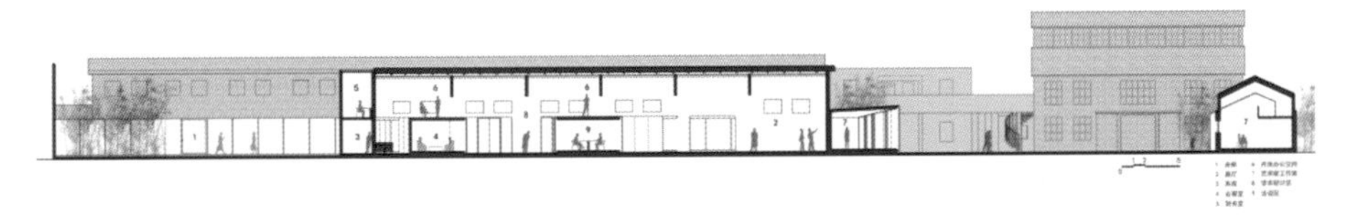

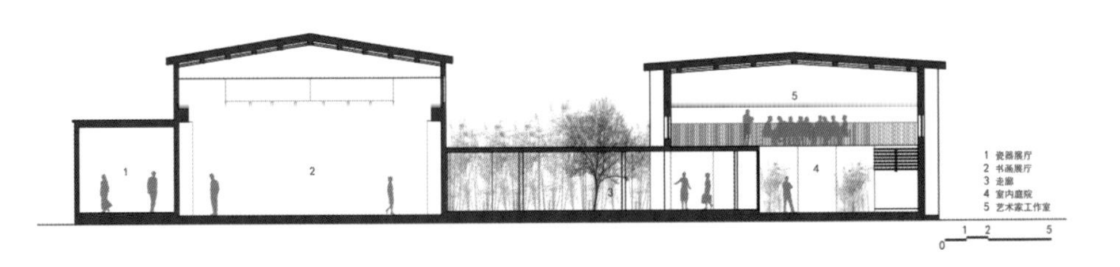

02

03

02 玻璃廊道的曲折界定了各个功能区，也互动了室内外空间
03 大跨度的空间结构和朴拙原始的材料质感造就独特的艺术氛围
04-05 庭院外景
06 游廊内景

07

08

07 研讨厅
08 入口展廊
09-11 展厅内最大化的保存工业遗迹的特征

Kids Museum of Glass

儿童玻璃博物馆

项目地点：上海
设计面积：2,000m²
完成时间：2015 年
设计单位：迪尔曼·图蒙协调亚洲
主设计师：迪尔曼·图蒙
图片来源：迪尔曼·图蒙协调亚洲

平面图

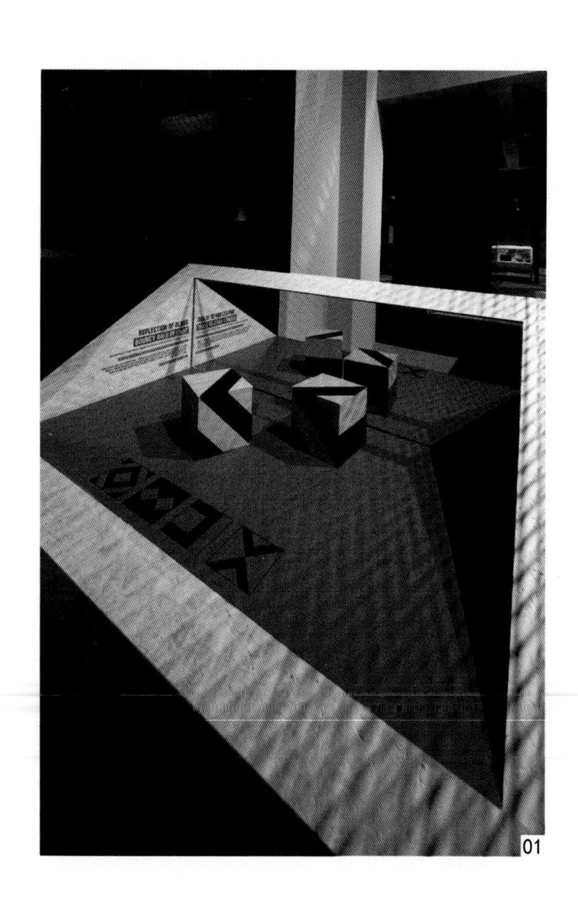

01 玻璃的反射
02 服务台
03 在色彩斑斓的玻璃城内，穿越障碍找到出口是孩子乐此不疲的游戏

上海集佳文化创意发展有限公司的儿童玻璃博物馆由协调亚洲的创始人及执行总裁迪尔曼·图蒙策划并设计完成，它是中国首个"以儿童为主角、以玻璃为主题"的全新互动式儿童文化体验馆。博物馆的前身是一间玻璃仪器生产车间，现在被设计成为一个集展览、DIY 创意工坊、两个咖啡吧餐饮区以及礼品店和派对空间于一体的场馆，孩子们可以在这里尽情发挥他们的创造力。整个博物馆兼容了艺术、设计、现场演示、动画影片、创意游戏、互动装置及教育空间，2000 平方米的展馆空间专为 4～10 岁的儿童设计定制，让他们能以新奇有趣的方式更充分地了解玻璃的基本知识。

客户对儿童玻璃博物馆项目的设计要求是什么？设计的重点和难点分别是什么？

迪尔曼·图蒙：集佳公园开始于上海玻璃博物馆，但慢慢地发展成更广泛且具备各种功能的文化目的地。上海玻璃博物馆面向儿童开放，我们希望打造一间只以儿童为主角的空间。在儿童玻璃博物馆内，孩子们可以直接与玻璃接触，并通过触摸和游戏的方式学习到相关的知识。当然，最关键的是安全性，我们希望创造出的是一个可以让孩子放心安全地玩耍的空间。

您的设计灵感来自什么？

迪尔曼·图蒙：我们想告诉孩子玻璃是如何以不同的方式和形态充满了我们日常生活的每一天，从大楼、窗户到你的手机屏幕，无处不是玻璃的影子。因此，我们设计了可被儿童认知的不同主题的展示空间，如沙滩、工厂和马戏团，它们共同构成了一座"玻璃城"。每一个单体空间都拥有不同的设置、游戏和展示品，向孩子展示玻璃是怎样制成的，它的材料是什么，以及它的主要特点是什么。

请谈谈儿童玻璃博物馆项目的一些亮点。

迪尔曼·图蒙：有如此多吸引人的东西，但有一些东西绝不可错过。玻璃迷宫是最大的设施之一，千万不要错过。此外，还有不同的"画我"设施吸引孩子进行艺术绘画。一个很酷的互动方面的亮点是冒险桥和棱镜台，在那里孩子们可以触摸和玩耍。当然也不要忘了参观一下 DIY 创意坊，在那里你可以制作自己喜爱的玻璃艺术品。

在儿童玻璃博物馆项目中，您如何实现项目预算、企业需求和文化艺术创新之间的平衡？

迪尔曼·图蒙：我们当然会尽力在设计方案中灵活地解决这个问题，并且我们也在规划中找到了解决方案。例如，我们在博物馆吉祥物 Bobo 和 Lili 基础上设计一套完整的产品流水线，这些产品能够吸引孩子，并寄放在博物馆一层的 BoboLili 礼品店里售卖。此外，以前的 DIY 创意工作坊被整合进儿童玻璃博物馆，成功地提升了工作坊和新博物馆的人气。

对这个项目您是否满意？是否还有遗憾？

迪尔曼·图蒙：我们从每一个设计过的项目中学习新东西，在这个项目中也一样。没有什么遗憾的，只有对未来的警示。最重要的是这个项目已经为集佳公园带来更多新的规划和新的活力。

02

03

04 05
06 07

04 艺术立方体
05 DIY 创意坊
06 魔方
07 玻璃吹制的展示
08 展示区

09

10

11 12

13 14

09 咖啡休息区
10 楼道
11 玻璃医院
12 音乐盒子
13-14 DIY 创意工坊

15

15 玻璃知识动画片
16 仿佛感受到扑面而来的热浪
17 Party 空间

Nanshan Cultural ,Sport Centre and Art Museum

深圳南山表演艺术馆

项目地点：深圳
设计面积：28,300m² （不包含博物馆面积）
完成时间：2014 年
设计单位：匈牙利建筑事务所 Zoboki–Demeter
主设计师：Gabor Zoboki DLA habil.，Nora Demeter DLA
图片来源：Zoboki–Demeter

位于深圳南山中心地区的南山表演艺术馆是由匈牙利建筑事务所 Zoboki–Demeter 设计，该馆成功跻身于中国独特文化场馆的行列。这个大型综合设施场馆集文化与体育设施于一体，有可容纳 1400 人的多功能音乐厅、有 350 席位的儿童剧院和宽敞的公共空间。场馆设计经过多年精心筹划，设计师特别关注了当地客户的需求，确保建筑能够在规划和建筑上融入当地社区。“在中国，以人为本的建筑应基于对人的尊重，而不是西方式的夸张幻象。”项目主设计师 Gabor Zoboki 说。

平面图

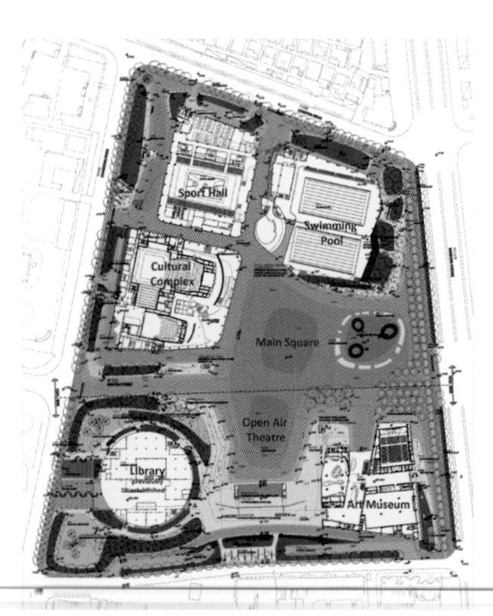

平面布局图

01

请谈谈客户对这个项目的要求。

Zoboki–Demeter：我们的客户南山市政府希望在南山中心区创建一个全新的文化体育中心，要求我们为主广场做整体的构思设计。除了设计南山文化中心，我们也参与了南山艺术博物馆的室内设计和概念设计。客户希望在项目中体现欧洲的感觉，同时又能体现文化的多功能思维观念。

事务所与其他团队是如何合作的？

Zoboki–Demeter：我们第一次提出设计理念是在 2008 年夏天，主要包括三大块：南山主广场、南山艺术博物馆和南山文化中心。文化中心连接着一个大型的体育设施，该设施由悉地国际设计。设计的过程非常令人兴奋，因为我们的客户非常支持我们的构思，此外，我们与另外三家当地事务所 SEDI、X 城市和悉地国际合作也很愉快，由于他们的投入以及专业的对话交流精神，这个项目才能这么成功。

关于文化中心的设计，哪些因素是您特别关注的？项目中有哪些设计亮点？

Zoboki–Demeter：文化中心的设计构思是基于建筑的多功能性，即使在同一时间，也可以在建筑内举办各种活动。我们的目的是提供一种全新的高品质文化体验，不仅能够上演中国音乐及歌剧，还可以展示旅游文化产品，我们希望建筑能够成为两大文化世界之间的桥梁。

在主表演厅，天花板可以移动，以便音乐厅满足不同的演出环境需要。在布达佩斯的音乐厅里，我们意识到一个成功的殿堂不仅需要适用于各种音乐场，还有一个必不可少的电子设备用于场景转换。通过设计一个适用性强的天花板，人们不仅能够欣赏到大型音乐制品，那些小工作室里出来的音乐制品也能通过调整空间被人领略一番。小表演厅可用于举办各种活动，但是我们认为这个空间作为儿童表演厅更合适。深圳有超过 400 万未成年人，可提供表演的机会非常惊人。此外，小厅也可用于歌舞晚会和公司重要的会议，当然我们还要强调空间的质量和灵活性。主门厅作为表演开始前的休息等待区，其透明的玻璃墙使空间仿佛与室外相连，这里是人们聚集的主要公共空间。

您如何实现项目预算、企业需求和艺术创新之间的平衡？

Zoboki–Demeter：设计师的责任不仅仅是创造一种视觉感受，还要理解客户及消费者的需求。我们相信这座建筑设计的成功，会随着人们对它的使用一年一年地展现在人们面前，它将给深圳和南山区带来一种全新的，未知的文化多样性。由于这种思维，我们的目的不仅是设计一个庞大的建筑作品，也是帮助政府建设这一地区的文化生活。

02
03
04
05

01 玻璃幕墙上的运动图案给建筑带来一些动感
02 天顶仿若银河缓缓流淌
03 大堂
04 室外
05 建筑细节

06 建筑的流线感
07 俯瞰楼梯
08 如白色缎带连接起上下层
09-10 音乐厅

09

10

Baiyunting Culture and Art Center in Nanjing

南京白云亭文化艺术中心

项目地点：江苏，南京
设计面积：25,000m²
完成时间：2014 年
设计单位：上海都设建筑设计有限公司
主设计师：凌克戈
摄影师：苏圣亮

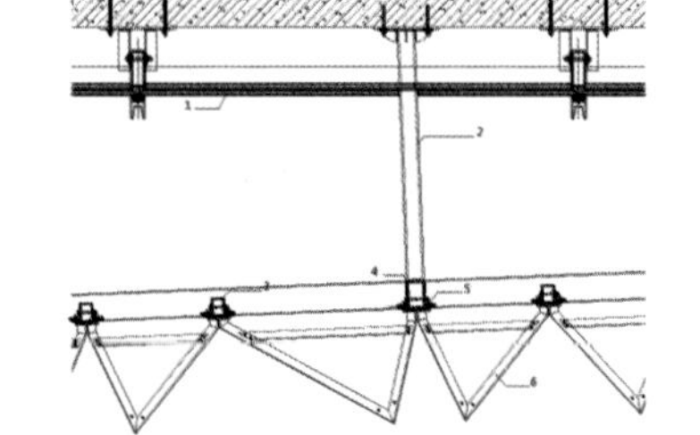

近来炒得沸沸扬扬的"城市更新"问题，都设公司早在两三年前就已经开始实践。在南京，上海都设公司将一座 1999 年落成的副食品市场更新成为一座全新的文化艺术中心。在本案中，都设公司为业主提供了建筑、室内、景观的一体化设计服务，这是继江阴嘉荷酒店之后，都设公司在城市更新和旧建筑改造设计领域的又一个代表作。

客户对南京白云亭文化艺术中心项目的设计要求是什么？设计的重点和难点分别是什么？

凌克戈：客户对于这个项目的设计要求非常简单，就是要做一个集城市规划展览馆和市民活动中心、图书馆为一体的公共建筑。设计的难点在于是拆掉重建还是在现有基础上改建。这栋建筑是 1999 年建好的副食品批发市场，拆掉挺可惜，但是如果不拆掉，一是没有地下室解决不了停车问题，二是原来运货的汽车坡道占了很大的面积，不知道拿来做什么用；由于建筑上部有高压线，拆掉后如何处理高压线是个难题，北侧有居民楼，新的日照规范下拆了就只能盖 10 多米高。综合各方因素，最后我们做了一个概念设计，把汽车坡道改成了图书馆，正是这个想法让政府下定决心进行改建，同时规划了二期来解决停车问题。项目的重点是如何把一个旧建筑塑造成文化地标。

您的设计灵感来自什么？

凌克戈：这个项目很难说有某一个灵感作为出发点，实际上是对问题的解决组成了整个设计的灵感：前面提到坡道的利用，正是剪刀梯一样的运货坡道倒逼出了一个类似于赖特的古根海姆美术馆一样的连续的空间，原有的中庭解决了图书馆的采光和垂直向的交通问题；因为要利用原来的中庭做一个无柱的规划展厅，所以在四楼形成了一个空中平台；因为要在 10 个月内完成从土建到内装的工程，而业主的管理团队原来是做副食品市场经营的，所以看起来很正常的设计都很难实现完成度，所以采用了一种工厂里面生产、现场仅安装的幕墙形式，为了保证平整度又采用了折板的形式以免铝板弯曲；北侧居民很介意改造带来的粉尘，所以北面的立体绿化可以安抚他们的情绪；东侧的坡道在外立面上没法处理，所以在外面做了一层横向的彩釉遮挡玻璃条；因为造价低所以室内尽量减少装饰……如果非要说灵感的话，我觉得底部那条弧线是一个没有太多理由的创意。

请谈谈南京白云亭文化艺术中心项目的一些亮点。

凌克戈：有这样几点，第一，它拥有全国第一个坡道图书馆，暗合了"书山有路勤为径"；第二，外立面很独特，就算施工糙点也显得有细部；第三，空间是一大特点，2007 年以后空间取代造型成为我最关注的地方；第四，有限的造价倒逼出素雅的室内；第五，东侧极富构图感的彩釉玻璃条。

在南京白云亭文化艺术中心项目中，您如何实现项目预算、企业需求和文化艺术创新之间的平衡？

凌克戈：整个项目的预算就只有 1.5 亿元，这里面还包括了 4000 万元的规划布展，建筑加上室内和景观只有每平方米 4500 元，这逼得我们只能用最廉价的材料和传统的

01 02

03 04

做工去完成这个项目，同时极不合理的工期也让现场出现了很多难以理解的错漏。设计时间从方案到施工图（包括室内、景观）只有三个月，所以建筑的施工图和室内的施工图是一套图，举个例子，门是 1200 毫米，在建筑图上就是 1350 毫米，留了余地，这样不用砌了墙再来切，这在国内的项目里面应该算是首次。都设作为总设计方，不仅要完成建筑设计，同时要完成室内设计和景观设计，控制灯光设计和照明设计，甚至要帮着业主与施工队开会安排工期，每周都到现场开会，应该说这个项目倾注了都设公司很多员工的心血，当然，在这其中没有业主领导层的支持要想在这么短时间内完成这样的项目也是不可想象的。

01 改造前后建筑外观对比
02 改造后的绿化墙为建筑营造出生机
03 改造前后建筑沿街立面对比
04 改造前后坡道图书馆对比

05

06

07

08

05 服务台
06 中庭
07 报告厅
08 半环绕的红色座椅圈出舞台的位置

09-10 坡道图书馆
11 室内楼梯
12 强烈的层次感仿若穿越时间的隧道
13 白与黄勾勒出明净感
14 东立面
15 南沿街立面

12

13

14

15

Shaoxing Sports Center

绍兴体育中心

项目地点：浙江，绍兴
设计面积：143,660.24m²
建筑设计：北京市建筑设计研究院
室内设计：浙江亚厦装饰股份有限公司
主设计师：蒋鹏旭、徐亚军、方忆云
图片来源：北京市建筑设计研究院，浙江亚厦装饰股份有限公司

01 体育场的夜景
02 体育场 呈菱形布置的座位
03 体育场的外景
04 体育场的主色调为红

一、工程概况

绍兴体育中心位于绍兴市柯桥区钱陶公路以北，华齐路以南，笛扬路东面，为绍兴水文化，桥文化，石文化和瓷文化代表之地，具有深厚的文化底蕴。总建筑面积143660.24平方米。建筑设计由北京建筑设计研究院完成，尤其是以"水出芙蓉"为寓意的体育场120000平方米的膜结构及10666平方米的活动屋盖均创国内之首。本次室内设计由浙江亚厦设计研究院承担，除地下室外，包括40000座的体育场、6000座的体育馆、1500座的游泳跳水馆及与体育场相配套的其它服务用房。具有集训练、体育比赛、大型文艺演出和会展，全民健身于一体及室外广场可同时承接大型集会、会展及娱乐等功能。

二、室内设计指导思想

以往的体育场馆大多采用建筑完工后再进行室内各自为政的设计。由于室内设计未将建筑设计作为有机延伸的统一体来考虑，以使得建筑与室内设计无论从意境创造，色彩调配或是材料的选择上常常会步入内外风格格格不入的困境。

本次室内设计在设计指导思想上首先将室内设计与建筑设计风格统一，理念一致的完整统一体进行设计，在组织上由北京市建筑设计研究院作为设计总包机构，而室内仅作为一个专业承包机构进行，室内设计在建筑设计施工图阶段便开始介入。这样做的好处是建筑与室内设计思想可快速得到沟通，例如原建筑设计的主场馆主题设计寓意为"出水芙蓉"，而室内采用何种手法与特色却是一种内应，这在体育场上尤为明显。比如建筑的外廊地面与顶部及登陆厅上部格栅吊挂，在平面直至看台大面积座位上均采用了菱形是寓意荷花的呼应。

设计以简洁明快，清新大方的手法造就出现代风格与地方特色。由于原建筑对各个场馆有着大量清水砼的运用，室内设计中一层外廊，南北登陆厅，体育馆与游泳跳水馆大台阶等均采用了青石板，不但色彩上与原建筑清水砼十分协调，也与"青莲"寓意相映衬，同时也展示出柯桥石文化的风采，另外在体育场的观众休息平台上，其内柱也全做仿清水砼饰面，不但节约造价还使内外浑然一体。

三、室内设计难点

本设计最大的难点也是体育中心的最大亮点，首先是体育馆的双曲弧面墙，作为建筑设计，她将体育馆设计成椭圆形蛋壳，那么蛋黄便是比赛大厅的空间，而蛋壳和蛋黄间的蛋白便是设计为观众留下的休息平台。但作为19M高近200M长的这样一道双曲内弧墙，它将选用何种材料？又将如何安放在架空的二楼楼面上？这着实存在着很大的难度，原因很简单，一是上部的钢桁架不提供下部拉力，而双曲弧面墙的防火则要求达到三小时，这样就意味着只有增加墙体密度，加大墙体重量才能达到，但这又为原建筑所不允许。为解决这对矛盾，我们决定在建筑的外壳上增加一道钢箍梁，作为内弧墙面水平推力的反支撑，这大大减少了内弧墙垂直面上的应力。在材料选用上，墙体的凸面上采用了宽度为75mm，厚度为1.2mm的木纹铝扣板，既轻盈又美观，还由于弧状弯曲内部采用玻镁板作为防火隔墙。经检测，完全满足了三小时的防火要求。因此理想地解决了材料密度与防火时间的矛盾。但要这样做，施工却又十分困难，原因是平面铝扣板在弧状弯曲过程中，板的上下边线不同弧，以至会造成水平缝的弯曲，经现场多次试验，板宽从180降至为70宽，并在每隔6m左右留出一道垂直向伸缩缝，其质量验收标准均参照JGJ/T139-2001《玻璃幕墙工程质量检验标准》实施，在35m的宽幅内将偏差控制在5mm内。

二是休息平台上空吸音吊顶，常规做法通常是在桁架下做吊顶，需用钢结构做转

03

04

换层，但在此超负荷的重量又为原建筑不允许。我们巧妙地利用内弧墙与外壳的反支撑梁作为主梁，每隔 4m 做一道反支撑梁，跨度最大达到 11M，再在每隔 4M 间，我们创新了轻钢长吊距龙骨，省略了转换层，从而大大减轻了弧面墙的负荷。

三是平面为椭圆的建筑中，进行“鲁班奖”创优，其感观要求达到“竖缝到底，横缝到边，整层交圈”，三同缝则要求“墙砖、地砖、吊顶同缝”，“小便器落地，上口墙缝两边和竖缝对齐；电器开关、插座上口水平缝对齐”。一中心则要求“地漏在地板砖中心，墙的排砖图与安装的电器不能各行其道”。首先我们在宏观上进行控制，在椭圆形平面的体育场和体育馆，观众看台与观众休息平台采用大片工业地坪漆来作地面，弧形环道吊顶采用铝格栅，体育场的弧墙采用了质感涂料，以最大限度控制平面与垂直面之间的线缝关联。在微观上我们在体育场底层的环廊与登录厅地面均采用了菱形石材地面，以及上下呼应的菱形铝格栅吊顶，均较好地处理好了线缝关系。至于卫生间等小空间，则由室内设计提出门洞及墙体移位方案，以求线缝的统一。再由建筑设计配合完成，也体现出一体化设计的优越性。

四 建声设计处理

体育馆的建声设计主要包括室内音质设计与噪声控制，主要针对比赛大厅及相关厅馆的体积来确定其最佳混响时间，再根据最佳混响时间和经济与艺术的手法安排吸声材料的使用，以达到良好的清晰度及有效控制各类噪声对场馆的干扰。

（一）主要场馆混响控制

05

各比赛大厅空场中频混响时间控制如下

1. 体育场：比赛场 9s；新闻发布厅 0.7s；

2. 体育馆，比赛大厅 3s；训练馆 2s；

3. 游泳馆：比赛大厅 2.5s；

（二）相关音质设计措施

为达到相应的最佳混响时间，各厅室相关音质设计措施如下：

1. 体育场：由于其设有活动屋盖，因此需考虑其关闭时的防火要求，开启时风雨侵蚀及赛时人流冲击诸不利因素。采用 100 系轻钢龙骨骨架，8mm 厚 C.C.A 板，穿孔率 15%内衬深色无纺布，内填 100mm 厚离心玻璃棉。新闻发布厅，背景墙木穿孔吸音板，穿孔率 15%，其余墙面阻燃织物软包，顶面穿孔石膏板，穿孔率 15%。

2. 体育馆：比赛大厅和训练馆，墙面均采用木质吸音板。广播室、计时计分、转播机房、声控、光控墙面均采用穿孔 C.C.A 板结构，吊顶穿孔硅钙板，穿孔率 20%。

3. 游泳跳水馆

1）比赛大厅：除玻璃幕墙外其余全采用穿孔铝板吸声结构，穿孔率 2% 与 20% 间隔布置，内设隔气层。

2）转播机房、声控、计时计分、大屏控制室墙面采用穿孔 C.C.A 板。吊顶穿孔硅钙板，穿孔率 20%。

五、室内设计与赛后运行

对于运动场馆而言，短暂的赛时运行受到设计的重视，本无可厚非，但是永恒的赛后运营却常被设计所遗忘，作为一个优秀的室内设计除应满足赛时运行外，尤其应考虑未来的赛后运营，这才是一个完整的设计。三个馆的设计，我们按赛后全民健身的热门度，认为泳馆第一，体育馆次之，而体育场赛后则会以会展为主，因此设计上应有粗细之分。泳馆赛后功能是全民健身游泳，因此宜细以精装修为主，体育馆赛时以篮球为主，赛后则会与乒乓球、羽毛球并举，因此设计将体育馆在赛后布置有八组乒乓球或羽毛球互通的可变空间。其装饰粗细相间，墙地面是精装修，顶面则是粗的。比赛厅与训

06

练大厅地面为双层地板，吸声墙面，而顶则不做处理，任钢架外露，而体育场的很多功能区赛后可能需要改变功能，因此室内设计上均采用粗处理。在大空间中，仅注重材质的比例与尺度，如休息平台不吊顶，大墙面仅作质感涂料处理，尤其是对日后有变化的一些功能区则更要粗处理，例如检录处，媒体中心和颁奖大厅，新闻中心，记者休息，国际官员休息室，会议中心等在赛后利用率不高。因此，在装饰造价上做到利用率越低的部位越从简安排，相互之间的隔墙也尽量采用轻质隔墙，以便赛后灵活使用，在设计上按成品模数设计，工厂化生产，现场装配化安装，以降低造价。

05 体育场右柱采用青水砼与左柱原青水砼十分协调
06 体育场内部环状吊顶采用铝方通，有效的解决了与质感涂料墙面的分缝关系
07 体育馆外景
08 体育馆双曲弧面墙
09 体育馆比赛大厅主色调为黄

六、建材配选

室内设计除有好的理念，对材料的选择是保证室内设计成败的关键。对于整个体育中心的体育场、体育馆及跳水馆，我们均分别确定过每个场馆的主色调，体育场为红、体育馆为黄、跳水馆为蓝、这看似三个完全不同的色彩体系，却是异中有同，因为主色调之外的白、灰均为各个场馆相同，即体育场用红，白，灰；体育馆采用黄，白，灰；而跳水馆用的则是蓝，白，灰。体育中心的用材并不复杂，其装修所用的材料，概括起来不过是天然的石材、瓷砖、工业地坪漆、质感涂料、格栅吊顶、铝板等几种。但相同的材料却又是通过不同的机理，质感以及造型而形成独特的风格，比如说同是铝格栅吊顶，体育场采用的是大片菱形，体育馆采用的是环状，而泳馆为表现水的魅力，却又是用波浪式的排布来完成的。对于机理，质感与色彩，在施工图图纸上是很难表述的，因此我们对大面积使用的材料，均做出样板经业主与设计商定后才最后确定的，比如大面积的三个馆的工业地坪漆，体育场的墙面质感涂料，体育馆双曲弧面铝板与场内吸声板，游泳跳水馆的穿孔铝板等均多次做出样板，经多样式的比选才最后确定的。再如体育馆双曲弧面究竟采用何种材料，也是经过反复论证后才完成的，起先设计上曾采用陶铝板方案，其优点是无论色彩，质感还是三小时的耐火时间，均令人满意，但其致命的弱点是容重相对较大，在此又不能适应，经过多次论证，改为条形铝板饰面加玻镁板防火隔墙的方案，最终从各方面反映看，双曲弧面墙的现行方案是十分成功的。

10 游泳跳水馆外景
11 用青石砌成的大台阶十分具有地方特色
12 取意水波纹的波浪式格栅
13 游泳跳水馆大片菱形铝板墙也与体育场的主题相呼应
14 游泳跳水馆比赛大厅的主色调为蓝
15 游泳跳水馆跳台背景

14

15

Zhongshuge Book Store Phase II

钟书阁二期

项目地点：上海
项目面积：1,000m²
完工时间：2015 年
设计公司：唯想建筑设计（上海）有限公司
主设计师：李想
设计团队：范晨、刘欢、郑敏平

2013 年，一个因梦想而生的钟书阁在泰晤士小镇一角脱尘出世。它的诞生不仅唤起了人们对于读书的美好回忆，更用浓郁的文化氛围给读书人打造了梦想中的读书场景。钟书阁的一期如一场给人惊喜的戏剧演出。2015 年，钟书阁推出续集——钟书阁二期，它延续了对书的敬重与爱恋。

钟书阁二期的设计理念不仅延续了闲适、愉悦，被书海所包裹的阅读与购买体验，同时又增添了更多的趣味与绚丽的场景，不仅给成年读者创造了更多的休闲阅读体验感，而且增添了小读者专属的书籍空间。

钟书阁二期的位置在原有钟书阁书店的旁边，通过一些改造，一期与二期由一条连廊建立联系。从此，钟书阁的入口便改在了钟书阁一二期中间的位置。

从新大门进入钟书阁，可以看到三扇带书架的旋转门，寓意书籍的大门正为你打开。步入其中，首先出现在视野里的是中央阅读空间。在这里，设计师把书架从墙壁延续到空中再从另一边的墙壁落下，形成了一个如宫殿般的拱形空间，许多倒置的台灯悬在空中，营造出令人沉醉、流连忘返的阅读氛围。

专为小读者打造的童书馆以一棵象征着生命的大树为中心，色彩绚丽。儿童区内印在航海地图上的地图，提示人们这是一个具有蓬勃活力的新世界。墙面用充满童真的线条勾勒出不同的图案，这也是书架的所在——设计师用"梦幻动物园"这个概念为小朋友们打造了一个缤纷梦幻的童书馆。

通过与一期一样的书架楼梯来到二楼。在这里，天花被设计师设计成梦幻的星空，四周墙上的书架别具一格，似乎无声地昭示着知识的无穷，人对于世界的无尽探索，以及由阅读带来的自由体验。设计师相信，正是梦想，重新定义了书店！

01 建筑外立面
02 中央阅读博物馆空间里，书架从墙壁延续了空中再从另一边的墙壁落下，形成了一个如宫殿般的拱形书籍空间
03 许多倒置的台灯悬在空中，正如我们如痴如醉般沉浸在阅读中一样，有一种遗忘时间的穿越感

02

03

04

04 童书馆专为小读者打造，中心的大树代表着生命
05 印在航海地面上的地图指引我们发现这里是一个具有蓬勃生机力的新世界
06 墙面用幼稚线条勾勒出不同的动图案就是这里的书架
07 动物们略带调皮与幽默的表情展现出孩子般的单纯与快乐

North
Pacific
North
Atlantic
Ocean
Gulf of Mexico
Havana
San Luis Potosi

05

06

07

08 天花被设计成梦幻的星空，若隐若现的星辰带着悠长岁月般凝视，似乎在述说没有文字的史诗
09 高低错落的书架用一种优雅弧度展示知识的魅力
10-11 空间中弥漫着古朴的文化气息
12 通过阅读而来的宁静指引我们走向心心灵的圣殿

12

Fangsuo Book Store in Chengdu

成都方所书店

项目地点：四川，成都
设计面积：5,508m²
完成时间：2015 年 2 月
业主：方所文化发展有限公司
设计单位：朱志康设计咨询有限公司
总设计师：朱志康
摄影师：朱志康

书店设计在台湾设计师朱志康看来，不仅是一个项目， 还是一个埋藏了 14 年的梦想。他认为，对于做设计的人，一辈子能够做一件对社会有贡献的项目就是非常荣耀的，而书店作为“收纳”古今中外的历史和智慧的场所，其角色是根植于人类已知的世界并求索未来。在整个空间里，他运用了星球运行图，星座元素来强化浩瀚的宇宙视野。同时，为了突出人在其中的感受，还增加了陨石造型的方舟雕塑等，通过多种设计手段，让人体会穿越神秘隧道进入圣殿般的感动。

请简单介绍下贵公司的情况。

朱志康：我们 2010 年从台湾转战到深圳成立设计公司，想在大陆做一些不同的空间设计。最感兴趣的是一些具有挑战性，想要突破现状，强调概念的商业空间。

贵公司一直以来坚持的设计理念是什么？

朱志康：设计其实就是帮业主找到问题，并提出有效解决方案的过程。这也是我们一直坚持的设计理念！

客户对方所书店项目的设计要求是什么？设计的重点和难点分别是什么？

朱志康：业主提出成都方所的设计要求是必须要是一个“传奇”。这就是最困难的地方，也是关键所在，至于我是否设计出一个传奇的方所，这必须要由消费者来评断了。

设计师的设计灵感来自什么？

朱志康：经过对成都当地的历史文化与人文生活进行研究，我了解到玄奘在前往西天取经前，就是在大慈寺内修行的，于是便以这个典故作为整个设计的发想起点。中国人从过去就为了找寻古老智慧的发源地而苦心劳志，甘之如饴。本项目位于地下室，于是我构思出一个“故事”——将全世界从古至今的知识都搬来藏在大慈寺地下，直到方所出现后，它们才被挖掘出来。这就是地下传奇“藏经阁”概念的缘由。

请谈谈方所书店项目的一些亮点。

朱志康：我希望成都方所呈现出来的亮点不是因为有一个铜制的电梯入口或是奇特的混凝土柱子，而在于它是一个走进去后可以让人从复杂喧闹的城市，一下子转换到一片令心灵趋于平静的净土，去享受智慧及聆听心灵的声音。

对这个项目您是否满意？是否还有遗憾？

朱志康：对这个设计空间氛围我是满意的，但还有很多地方可以做得更好。我们能创造的是硬的空间，接下来就是软性的布置及经营上人的互动，这些才是画龙点睛之处。

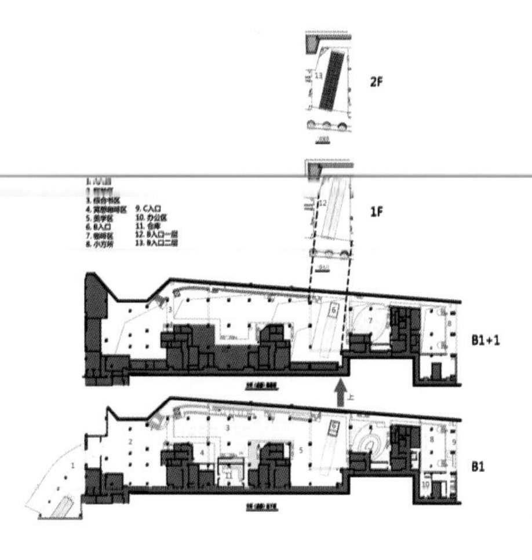

平面图

01 建筑外观的星座元素增加了浩瀚的宇宙视野
02 通过铜制的电梯进入神秘的书店
03 铜质电梯细部

书店与文化，
方所与您颂读，
一座伟大城市的智慧与浪漫
傳奇
01
02
03

04

05

06

07

08

04 铜制的电梯外观
05-06 踏上电梯，仿若穿越神秘隧道
07 图书及文化创意产品有序陈列
08 空中过道

09

10

09 船舱一样的设计给空间营造一种独特的神秘感
10 一楼商场
11-13 成都方所如一个神秘的地下“藏经阁”，给人们提供了舒适趣味的阅读购物空间

Read Space

悦读书吧

项目地点：广东，广州
设计面积：110m²
设计时间：2014 年 7 月
设计单位：纬图设计有限公司
主设计师：刘国海
主要用材：水曲柳开放漆、榆木封闭漆做旧、仿古做旧小花砖、水泥地砖、黄金海岸大理石、吉尔灰大理石、灰绿化墙、仿古做旧绿色封闭漆、仿古做旧蓝色封闭漆、高光绿色烤漆、
摄影师：林惠敏

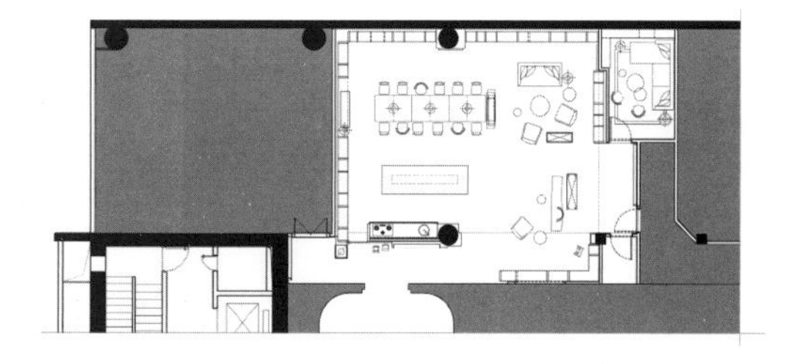

平面图

该项目的业主是个地产企业，他们希望能通过空间来提高阅读的愉悦，促进人和人的沟通和交流，逐渐建立一个良好而有人文气息的社区环境，从一个社区做起，逐渐辐射他们所有的项目。

做为首个试点，这个项目的面积有点小，但“不以善小而不为”，百来方寸，要营造一个轻松愉悦的阅读环境，其实也已经足够，而且这个空间还是完全的公益免费。书吧功能涵括：休闲、网络线上交换书籍平台，线下阅读及交流、自助茶水和咖啡，还有小孩子们看看儿童读物的娱乐空间。

基于这些前提条件，功能区的空间关系也就不难推导和构思出来，首先进门的空间，一面用许多木头做成的蘑菇杯托，上面点满蜡烛，以此分流左边的办公区和右边书吧的入口，同时营造较为轻松童趣的氛围。进入书吧后映入眼帘的一个由玻璃、书页、灯光构成的空间装置，隐匿了后面小包间的通道，也同时围蔽成入口前区的接待形象，集中微妙质感和颜色变化的纸片，塞满玻璃制成的柜体，发出斑驳的光影。在装饰和丰富了空间的设计前提下，希望暗喻每一页都是书本和知识的篇章，从这些知识的缝隙里透出智慧的光芒。绿色柜体围合成一个半私密的可以交流和休憩的空间。而片状的层板架，从裸露的天花上悬挂下来，给空间分区并提供不同分区间一定的遮挡，但又不过于封闭本来就不大的空间。越是小面积的空间，一览无遗的直白节奏更会显得空间的贫乏和捉襟见肘，而沙发区的柜子、层架划分出几个不同的功能区后，丰富了空间流动的节奏，使小空间获得足够层次体验。

为了获得愉悦和轻松的氛围，我们在空间的材料组织上，采用了一些怀旧和有岁月使用痕迹的手法，希望能在近距的触摸体感时，能不因空间的崭新和材料的尖锐让精神紧张起来，而是希望通过绿色的，生机却怀旧的质感和氛围，让人沉下来，投入到这个环境里，自在地阅读，轻松地交流。

设计者认为，空间的营造不一定会直接地改变一个人的生活境况和迅速带来某些利益，但，在一定程度上，会让人的生活更加丰富和美好，会让人与人之间的关系得到一定的改进。在这个资金投入极低，材料也容易复制、甚至很多是淘回来的旧材料的空间里，设计师和甲方试图在这个书吧项目里达成这个理想。

01 书吧入口
02-03 轻松的阅读氛围
04 许多木头做成的蘑菇杯托，上面点满蜡烛，分流了左边的办公区和右边书吧，同时营造较为轻松童趣的氛围
05-06 接待前厅是一个由玻璃、书页、灯光构成的空间装置

04

05

06

07 愉悦轻松的阅读氛围

08-09 空间的材料上采用了一些怀旧和有岁月使用痕迹的手法

10-11 绿色柜体围合成一个半私密的可交流和休憩的空间

10

11

NOBEL Education School

诺贝尔文教机构

项目地点：台湾，高雄
设计面积：1，750m²
完成时间：2014 年 7 月
设计单位：班堤室内装修设计企业有限公司
主设计师：曾传杰
主要用材：木作、铁件、铝框、油漆
摄影师：曾传杰

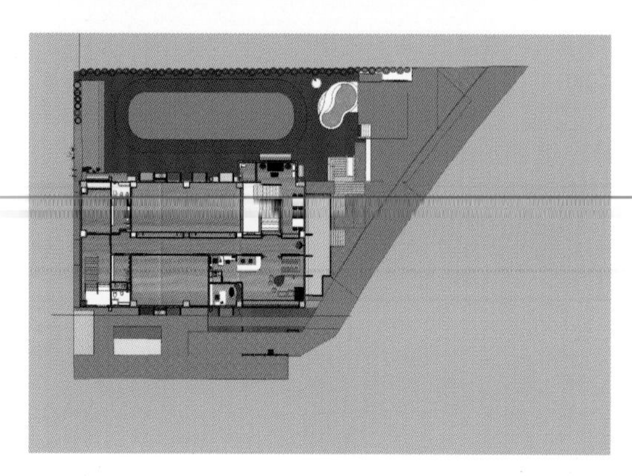

平面图

01-03 建筑外立面
04 室内空间以森林为场景，营造大自然氛围

本设计打破过去对于幼儿园的传统印象，以森林与鸟为主题元素，运用几何造型方式，将四方体框架结构建筑改变成为立体鸟的造型。设计师充分利用建蔽率与容积率均能达到基地最大使用空间，且又不改变内部方正格局的情况下，外观以简单几何折线勾画出一对彩虹鸟的可爱造型，再搭配丰富色彩及线条，让整体建筑呈现出趣味感，触动家长也吸引幼儿快乐的视觉感受。

本基地所在地点正处于绿建筑规范区域内、所有建筑相关规定除了水资源的回收设计外，节能减碳的遮阳面积与教育部校园空间法规的采光开口成为了相互矛盾的难题。因此本建筑外观所设计的彩色凸出方形窗框就在既要遮阳又要采光面积够大的要求下而形成。在外观墙上以空心铝方管间隙排列亦能有效解决直射阳光在墙上所产生的高温。

本项目为地下一层及地上四层的五楼建筑、为了克服斜坡地形与使用功能，因此设计时将接待入口设于一层，以方便家长接送与进出，而后方下斜部分则下挖至负一层高度，使操场及户外活动空间与地下室室内空间相连接，如此能将原本负一层室内的密闭空间扩大成为与户外连接的一层空间。

森林是大自然的家、是大多生物栖息的地方，更是童话故事里最常建立的场景。对儿童而言，充满色彩的森林是他们熟悉的、安全的、可爱的、放心的、想象的、快乐的、喜欢的。

我们想给儿童营造的是可以幻想，且充满故事的学习环境。设计时取用原基地留下的枯树干作为场景架构，再搭配局部树叶云朵造型天花板，一方面可以隐藏空调、灯光及管线等，一方面又可以作为森林气氛的营造。其余的天花板则保留原结构刷漆处理。

在通往地下一层的楼梯口设置一道童话造型的绿色草丛门，在通往二层楼梯侧边以弧形的前后层次与部分圆形来解决梁与梯间的美观，同时营造自然的山景意象。

软装搭配了童话故事的卡通动物，点缀出拟人化的故事场景。儿童像鸟儿般自由自在。创意在想象空间里、在色彩环境中被激发出来。

04

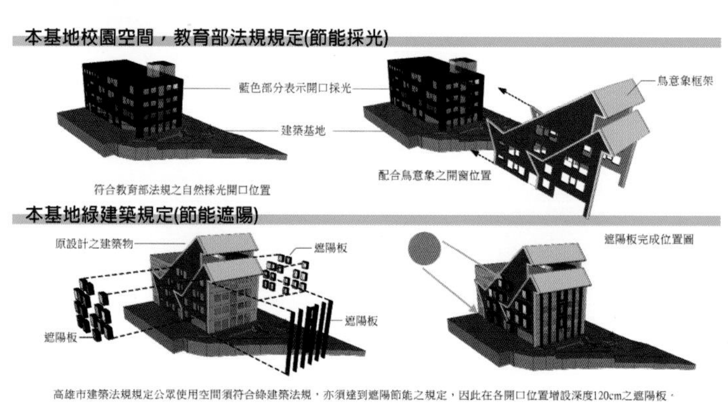

Concept

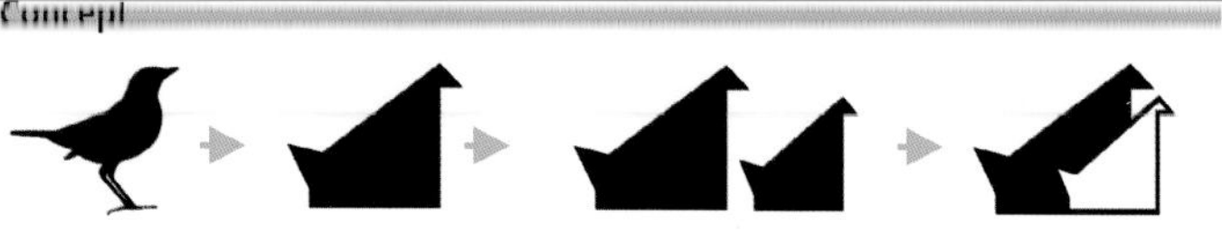

Design procedure

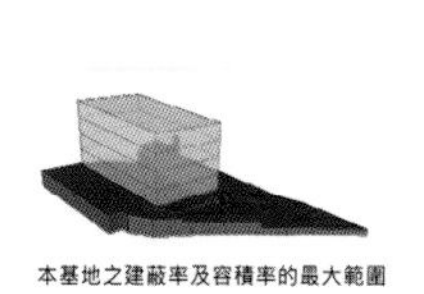

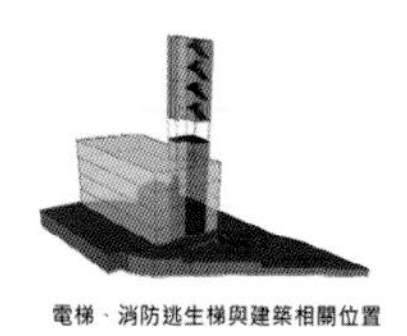

05 建筑模型
06-08 卡通动物作为主题人物，有如童话世界
09-11 快乐、趣味的儿童天堂

09

10

11

Visitor Center in Taidong

YouBike-台东都历游客中心

项目地点：台湾，台东
设计面积：室内 5000m²，室外 2,650m²
设计单位：竹工凡木设计研究室
主设计师：邵唯晏
设计团队：杨咏馨、杨惠财、林庭羽
摄影师：庄博钦

台东不论是感性的天然美景或是知性的人文生态，还是地形上、生态上都有其得天独厚之处，加上丰富的原住民、史前文化，共同织就了东部海岸的迷人风华。而台东这所有的美好都能回归到最自然的三个元素——天、地、海，因而整个展览馆分为大地区、海洋区及天空区三大区，另外还有一个数字星空电影院。

东海岸风景区管理处的游客中心，力图给游客一个全新的角度来了解花东海岸，带点教育色彩但不冗长乏味，以游戏化的手段取代传统的展览陈设，让互动的多媒体科技增添趣味性与国际性视野。动态与静态的展示结合就像这片东海岸，看似平静却处处富有生机。

自行车近年来已经成为热门的节能环保运动，我们将花东海岸自行车的动线导入，将游客中心转换为一座 BICYCLE-FRIENDLY 的展示馆。这也是全台湾第一座可以骑自行车进入室内参观的展览馆，不用担心车离身的烦恼，在展示馆中忽高忽低的遨游参观，享受到一种全新的参观体验。

本案是当地的政府项目，在既有的政策下，在有限的预算及工期的压力下，要如期完成形体复杂的展示厅，难度很大。为克服以上的先天劣势，保障工程质量，设计团队在设计前端采取大量的计算机辅助设计来介入整个流程。从设计的设想到施工图面的绘制，有效透过参数化的设计流程，以不同于以往的施工图呈现方式，终将本案执行完成。这是台湾地区首次大量地将计算机参数式设计方法导入室内设计，大地、海洋及天空元素以大尺度折板系统（folded plate system）来赋予空间戏剧性的张力。

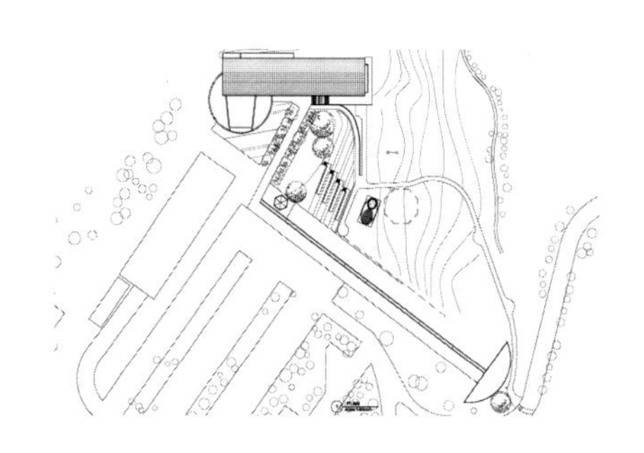

户外景观平面图

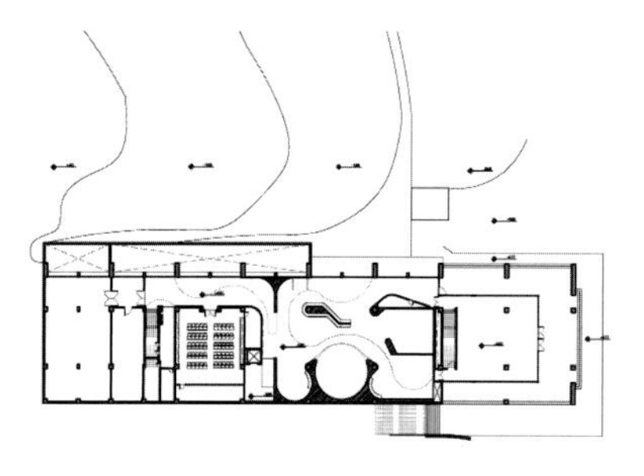

一层平面图

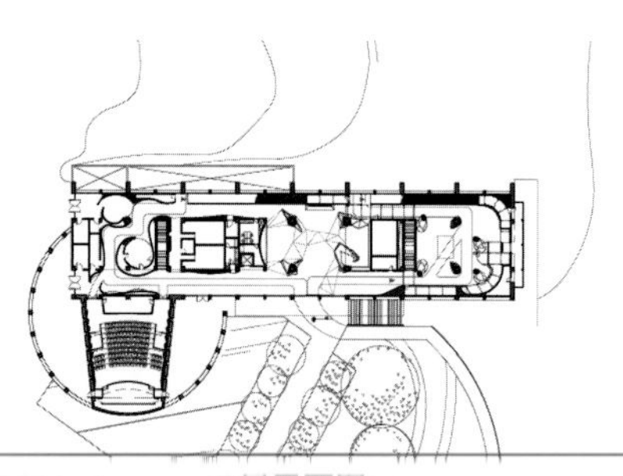

二层平面图

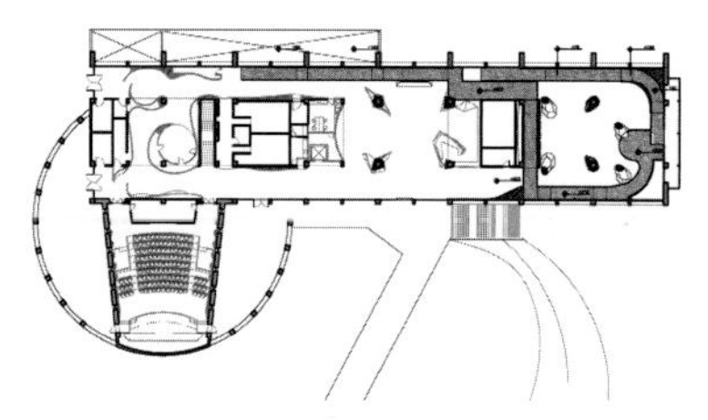

三层平面图

01

01 绿草如茵，拥抱清新的芬多精，同时又眺望太平洋，大地的观景台结合脚踏车的来往穿梭，这一切将编织起新空间的诗篇
02 绿意盎然，青山绿地犹如 Amis 充满活力的象征，能骑着单车透过互动科技与 Amis 手舞足蹈，并留存影像之中
03 以当地漂流木制作成空间艺术品，让空间富有了生命力
04 服务台与交互式导览平台

02

03

04

05

06

05-08 碧海有蓝天，骑着单车恣意地于水中伴鱼群共游，波光粼粼地射入海中，有如置身于深海的场景，透过互动科技及大屏幕的演绎，诉说着海底生态的奥妙

07

08

09

09.13 白云袅袅，徜徉在大自然的怀抱里，虫鸣鸟叫伴随左右。又透过互动的装置，一景一生态、一步一故事，引领着踏走台东纵谷
10.11 互动游戏区
12 知名画家几米，手绘插画墙
14 儿童游戏区

10

11

12

13

14

ACKNOWLEDGEMENTS

鸣谢

在此，特别感谢长期支持设计家传媒出版机构的设计师朋友们，感谢《2015中国室内设计年鉴》的所有作者，感谢你们和国内外读者分享创作成果；感谢所有项目的甲方，你们是设计师创作的基石；感谢所有编辑小伙伴的辛勤劳动，你们的工作让设计师的作品有了更好的呈现。

Adam Sokol

毕业于哥伦比亚大学和耶鲁大学，还曾经在哈佛大学和巴黎IV索邦大学学习。
2006年到2011年，他在布法罗的纽约州立大学担任建筑学教授助理，他的作品被刊登在纽约时报和其他刊物里，并陈列于纽约市的博物馆里。
他是纽约州的注册建筑师，同时也是美国建筑研究院成员。

Andrea Destefanis（左）

出生于意大利都灵的一个舞台艺术之家，后移居威尼斯在威尼斯建筑大学完成学业。受其个人兴趣的驱动，Andrea 成立了以协同合作为概念的工作室，致力于研究计算机平面设计的创新方法。2000年他遇到了Filippo Gabbiani，由于两人有着共同的建筑理念和对遗迹修护和环境设计的浓厚兴趣，他们开始了深度的合作并最终成立了Kokaistudios。2002年Kokaistudios在上海成立事务所，Andrea 长期移居亚洲。

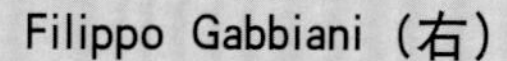

Filippo Gabbiani（右）

出生于意大利威尼斯一个艺术家和玻璃制造巨匠辈出的名门，毕业于威尼斯建筑大学。Filippo的事业起步于与其家族合作设计、制作艺术玻璃制品，曾先后闯荡于欧洲数国和美国，与数家世界知名的建筑、室内设计和工业设计等领域的事务所合作。后与合伙人Andrea Destefanis 共同创立Kokaistudios，在上海成立事务所后，Filippo常驻亚洲，致力于可持续发展建筑的推广及亚洲遗迹建筑的保护和修复。

陈贻（左） 张睦晨（右）

北京风合睦晨联合创始人，二人均毕业于中央美术学院，曾多次举办个人艺术展和空间装置作品展。1999年开始从事空间设计，2005年伦敦艺术大学学习；2005年移居加拿大。现为知名空间设计专家，在各种室内及建筑空间设计形态上均表现卓著，项目作品涵盖了多种类型空间，近年来多次获得国内外设计奖项并获得业界高度认可。

成志

上海CFC室内环境设计机构设计总监，2014年美国室内设计中文版最佳餐饮空间优秀奖，2014年美国室内设计中文版最佳商业空间入围奖，2013年现代国际装饰传媒年度最佳会所设计提名奖，2013年国际空间设计大奖Idea Tops最佳会所空间设计提名奖，2011年中国室内设计最佳餐饮空间设计金堂奖。

Dan Kwan

威尔逊室内建筑设计公司纽约办公室高级副总裁，执行董事，毕业于纽约哥伦比亚大学，获城市规划与工商管理双硕士学位。Dan一直在全球奔走，他20年的从业经验的目标就在于革命性地改变酒店服务业的经历，通过奇特的，先锋的有着现代意义的性质体现出来。Dan从事各方面的创新设计，从最简约的到最高端的，他始终坚信奢华生活为一种心境。他的设计哲学是塑造光和影的变化而不是照葫芦画瓢。

迪尔曼·图蒙

建筑师，"协调亚洲"创建及管理人；"协调亚洲"是一家从事建筑及室内设计且屡获殊荣的工作室，擅长创造具有冲击力的博物馆、展览、品牌环境及酒店设计。其成功合作案例包括了上海玻璃博物馆、上海电影博物馆，以及其他诸如耐克、斯柯达和奥托博克等国际品牌。

Felicity Beck

BAR Studio 市场总监，19 年专业的工作经验，于 2003 年创办 BAR 事务所，Felicity 执掌着 BAR 事务所商业运营，包括处理与甲方的合作、项目的执行、设计团队的运作及事务所的财政管理。在 Felicity 19 年的建筑设计生涯中，先后在墨尔本、纽约等地的优秀事务所担任主要设计师，并负责相关市场运作工作。

方钦正（Adam FANG）

出生于中国台湾地区，在中国台湾取得材料工程学位后赴英求学，毕业于英国曼彻斯特大学建筑系。
2001 年回到亚洲定居上海，2005 年协助成立了法国纳索建筑设计上海分公司并成为合伙人。2010 年，不到 35 岁的他成为上海世博会中最年轻的国家馆主持建筑师，同年在上海完成了新衡山电影院建筑群体设计。近几年参与众多外滩保护建筑改造设计，包含外滩 5 号整体总体改造、北京东路四明大楼室内设计等。

Gabor Zoboki

Nora Demeter

Gabor_Zobok 与 Nora_Demeter1997 年创立 ZOBOKI-DEMETER Architects（ZDA）建筑事务所，随着工规模的扩大和项目类型的多元化，事务所已经发展成为中欧地区最重要的建筑事务所之一。事务所非常注重团队合作，设计过的项目类型包括办公、各种住宅和文化建筑项目，此外，事务所也参与设计一些古迹修复工程。

高超一

1982 年获苏州丝绸工学院学士学位，1993 年获美国弗吉尼亚州立大学艺术学院硕士学位。现任金螳螂建筑装饰股份有限公司设计总院设计总监，中国建筑师学会室内设计师分会常务理事（CIID），美国建筑师协会国际会员（AIA），美国室内设计教育学会会员（IDEC），苏州大学艺术学院 MFA 硕士生导师等。代表作品包括唐朝大酒店整体室内方案策划设计、南京中山陵政府项目、广州南美大酒店、世贸蝶湖湾会所等。

胡俊峰

上海艾获尔室内装饰设计有限公司设计总监，毕业于湖北工业大学艺术设计学院。所获奖项：2014 年 亚太室内设计精英邀请赛会所类优胜奖；2011 年 中国室内设计最佳餐饮空间设计金堂奖；2011 年 CIID "金外滩"奖之"餐饮类优秀作品奖"。

黄杰雄

深圳首位环境艺术设计有限公司创始人、设计总监。
从事设计十年间涉足城市规划、景观设计、商业活动策划，并最终回归、主打室内设计。
2014 年获大中华十佳设计师（办公空间类）；2014 年广东省装饰协会十佳精英设计师；2014 年深港杰出设计师。

黄治奇（Michael）

DMA（英国）建筑设计集团合伙人；0755 装饰设计有限公司首席创意总监；黄治奇中国（香港）酒店娱乐策划设计有限公司董事长、首席创意总监。
澳门大学在读博士，意大利米兰理工大学设计管理硕士，中国注册高级室内建筑师。擅长酒店、娱乐空间设计，国内外获奖无数，并多次和国外知名设计师携手合作。近年来在设计界备受关注，其独特的设计手法及国内外各地的成功案例受到各界人士的认可。

韩文强

中央美院建筑学院室内教研室讲师，中央美院建筑学院硕士。于2010年创立建筑营设计工作室（ARCH STUDIO），任主持建筑师，结合教学研究展开多样的创作和实践。其工作目标是以多元视角与理性手段积极介入当代城市人居环境发展进程，在现实与自然、历史与文化的关联中寻找恰当的平衡点，创造富于时代精神和人文品质的空间环境。

Ian Carr（伊恩·卡尔）

HBA（Hirsch Bedner Associates）副总监，毕业于英国利兹理工学校三维设计专业，获得艺术学位及荣誉。在过去十年，他参与设计的酒店项目遍布亚洲。伊恩领导项目从最初的概念设计一直到最后的施工和安装。自从90年代早期来到亚洲，伊恩一直致力于酒店设计，目前他设计的项目有名古屋城堡威斯汀酒店、新加坡和武汉的两家阿玛拉酒店、多哈金茂君悦酒店等。

蒋鹏旭

资深室内建筑师，高级工程师，国家一级注册建造师。浙江省级专家。原浙江亚厦设计技术研发中心总经理兼设计研究院常务副院长。
先后主持过的设计与施工工程主要有：杭州游泳健身中心幕墙工程，为杭州建设系统首个“鲁班奖”工程。浙江省肿瘤医院幕墙工程设计。嘉兴香溢大酒店幕墙设计与施工，获全国建筑工程装饰奖。绍兴体育中心室内设计，获鲁班奖待批。

Katy Ghahremani

生于伊朗，在爱丁堡大学获得学位后，又在巴特莱特建筑学校获得文凭及皇家建筑师协会三级资格；肯辛顿及切尔西市政府建筑评估委员会的成员。在加入Make工作室前，Katy在Foster and Partners工作，参与多个项目，包括伦敦国际金融期货办公楼和位于Chertseyde的电子艺术欧洲总部大楼。此外，她也曾作为项目建筑师参与了伦敦牛津街标志性百货商场Selfridges的重建。

Leendert Tange（唐·林德）

store-age创始人及执行董事，储存、零售设计师，零售策划管理设计师，现任荷兰室拓（Storeage）设计公司管理合伙人及代尔夫特理工大学皇家理工学院教授、荷兰设计奖评审员。林德有近20年的设计经验，领域覆盖交互、包装、储存广告和室内设计。

Leonard Lee

威尔逊室内建筑设计公司新加坡办公室高级副总裁，也是威尔逊室内建筑设计公司最具才华的设计师之一。他设计的阿联酋迪拜凯宾斯基酒店、泰国曼谷康拉德酒店项目曾经获得具有酒店室内设计界奥斯卡之称的金钥匙奖。除崇明凯悦酒店外，近期完成新开业的项目还有越南河内乐天酒店，长沙洲际酒店。

李宝龙

绽放设计团队创意总监。
专注于时尚领域的设计创作，用品牌思维来营造空间体验氛围。在每个项目的设计之初，从顾客的视角去构建理想店铺的轮廓，并在实际实践中实现这种设计。以具实验性及研究的方式探索设计的更多可能性，不断给消费者带来惊喜。

李文

高级室内建筑师，吉林省艺高空间艺术工程有限责任公司董事长、总设计师，吉林省六合建筑装饰设计有限责任公司董事、设计总监。
获第二届中国国际空间环境艺术设计大赛（筑巢奖）金奖；第八届中国国际室内设计双年展银奖；第十届中国国际室内设计双年展铜奖。

李珂

北京凯泰达国际建筑设计咨询有限公司设计总监，中央美术学院硕士，中国室内装饰协会设计专业委员会委员。
2010年中国国际室内设计双年展金奖；2011年海峡两岸四地室内设计银奖；2012年中国国际室内设计双年展银奖；2013年中国室内设计大赛学会奖银奖；2013年入选香港亚太区室内设计大奖；2014年中国国际室内设计双年展铜奖。

李想

唯想国际创始人、董事长、创意总监；RIBA 会员；毕业于英国伯明翰城市大学，获英国、马来西亚双建筑学士学位。

多年的马来西亚和英国留学及工作经验，曾获得马来西亚 SBC 绿色建筑设计大奖，多项设计入选英国皇家建筑设计协会展览。2009 年归国，完成超高层建筑和大型商业项目。2011 年创立唯想建筑设计（上海）有限公司。

李鹰

HBA 的合伙人，上海赫·室的主事人，毕业于中央工艺美术学院，并获得美国弗吉尼亚联邦大学艺术硕士学位；在室内设计领域拥有 20 年的工作经验；2003 年，加入 HBA 旧金山办公室，他具有设计豪华酒店、会所、餐厅、水疗、高档别墅的丰富经验。他精通各种不同的设计风格，能够巧妙地将所需的风格应用到特定项目之中。

李益中

大连理工大学建筑系学士，意大利米兰理工大学设计管理硕士，深圳大学艺术学院客座教授，深圳设计师高尔夫球队队长，中国建筑学会室内设计分会（全国）理事。李益中空间设计（深圳·成都）有限公司创始人。其公司是一家有策略思维及追求空间气质的精品型设计公司，作品现代简洁又不失丰富和韵味。公司主张理性科学的设计方法，讲究设计策略，善于解决问题，又注重塑造作品气质。

林琮然

CROX 阔合国际有限公司总监，本泽建筑设计（上海）创办人，米兰 Domus Academy 建筑与都市设计硕士，台湾中华大学建筑与都市设计学士。

阔合国际有限公司关心人本的空间互动演绎，强调解析设计对象的效益需求，聚焦创意思维，超越边界、多元重组（crossover），前瞻“策略设计”的精准理念，有步骤的设计演译，塑造极致的美学价值，相信创意的无形与有机，仔细呈现人与生活间的每一种可能。

林开新

毕业于福建师范大学，林开新设计有限公司创始人，大成（香港）设计顾问有限公司联席董事。

将“观乎人文，化于自然”的和居美学理念淋漓尽致地运用到项目实践中。设计作品荣获 2015 德国 IF 设计大奖、2014A&D 建筑与室内设计最佳奖、香港 APIDA 亚太室内设计大赛金、银、铜奖，2013 台湾室内设计大奖 TID 奖，IFI 国际室内设计大赛一、二、三等奖，“金外滩”上海国际室内设计大赛最佳设计奖。

林洲

1994 年毕业于北京中央工艺美术学院（现为清华大学美术学院），获学士学位。福州多维装饰工程设计有限公司设计总监、总经理。

海峡两岸建筑室内设计交流中心秘书长，全国百名优秀室内建筑师，福州市十佳设计师，福州陶瓷艺术研究会副会长，就读于清华大学环境艺术设计高级研修班，主持参与过国内众多商业空间、酒店设计项目。

凌克戈

上海都设建筑设计有限公司总建筑师，国家一级注册建筑师；2009 年获得《中国大饭店》中国十大原创酒店设计师奖，同年入选中国 100 位最具影响力建筑师，并入选上海 10 位最具大师潜质建筑师；2008 入选上海 20 位最具大师潜质建筑师；四项作品入选《2006 中国建筑艺术年鉴》；荣获 2006 第六届中国建筑学会青年建筑师奖（中国 45 岁以下建筑师最高奖）等一系列荣誉和奖项。

凌子达

出生于中国台湾高雄，1999 年毕业于台湾逢甲大学建筑系。2001 年到上海发展，并成立了「KLID 达观国际设计事务所」，致力于建筑室内空间设计领域。2006 年版个人作品集《达观视界》，2009 年取得法国 Conservatoire National des Arts et Metiers 建筑管理硕士学位。2015 年荣获美国 ARCHITIZER A+ AWARDS 设计大奖，2014 年荣获德国红点设计大奖之红点奖，2014 年荣获德意志联邦共和国国家设计奖等。

黎广浓

室内建筑师，佛山市城饰室内设计有限公司合伙人、执行总监。2000 年毕业于湖北省建材工业学校建筑装饰设计专业。中国建筑学会室内设计分会会员。

2014 年中国建筑学会室内设计分会中国室内设计大奖赛（学会奖）住宅工程类银奖；

2007 年威能杯中国室内设计师大赛广州赛区金奖；

2006 年第二届 IFI 室内设计大赛暨中国室内设计大奖赛（华耐杯）住宅方案类佳作奖。

梁景华（Patrick Leung）

PAL 设计事务所有限公司创办人及首席设计师；1978 年毕业于香港理工大学；后获美国林肯大学荣誉人文学博士；香港室内设计协会名誉顾问。
目前分别在北京，上海及深圳设立 PAL 设计事务所办事处，其设计项目以大型国际酒店及会所为主，成功作品包括北京希尔顿逸林酒店、东莞及海口观澜酒店及高尔夫会所等。

聂剑平

别墅及度假酒店建筑师、室内设计师、家具设计师，墅家人文度假品牌创始人。
1985 年毕业于同济大学建筑学专业，从事建筑及规划设计工作；1989 年开始从事室内设计；1993 年始与地产商合作参与地产策划，建筑方案及室内设计；1996 年移民澳洲，为澳洲华人设计别墅；2002 年与合伙人成立澳洲墨尔雅设计顾问有限公司，专事于精品酒店与别墅设计；2012 年创办墅家文化与度假有限公司。

连自成（J.K Lien）

出生于中国台湾，英国 De Montfort 大学设计管理硕士；大观 · 自成空间设计有限公司设计总监。
其专案分布海内外，其设计的豪宅、会所、酒店和大型商场都有知名业绩及奖项。2004 年、2006 年获得 Asia Pacific Interior Design Biennial Awards；2011 年荣获 Asia Pacific Interior Design Awards 酒店银奖；2012 年荣获第十届国际传媒奖年度杰出设计师奖；2013 年当选 2013—2014 中国室内设计年度封面人物。

罗灵杰

1999 年毕业于香港理工大学，壹正企划有限公司设计总监兼创办人。
早于大学毕业前，已获多项业界殊荣，如 1996 年获 Grohe 亚洲设计大奖和东南亚最佳室内设计大奖等。除了获奖无数，他近年也为英文虎报及星岛地产网撰写一系列的专栏谈及室内设计的心得和趋势。自 2013 年他获邀成为 MRRM 杂志专栏作家之一。

龙慧祺

毕业于美国俄勒冈州州立大学室内建筑专业，壹正企划有限公司设计总监兼创办人。
2007 年获现代装饰国际传媒奖年度女人气设计师奖。在 2012 年，龙小姐于北美洲著名的 The Best of NeoCon 美国芝加哥国际商用家具物料及科技产品比赛中，成为香港及中国地区唯一一位获邀担任评审的室内设计师。

刘国海

现任纬图建筑设计装饰工程有限公司合伙人、设计总监。
毕业于华南理工大学建筑学，1999 年开始从事建筑及室内设计行业，2013 年作为合伙人加入纬图建筑设计装饰工程有限公司至今。扎实的绘画美学功底和系统性的思维，在建筑、园林、vi 系统及软装饰设计里多有涉猎，同时担任多家地产公司及材料设计公司的顾问工作。

彭政

香港轩逸设计（上海）集团执行董事兼设计总监，红星美凯龙（星思维）创意园区总设计师兼执行董事，国家注册高级室内设计师，中国建筑学会室内设计分会会员。多年海外设计交流经验，专业范围涉及各空间领域。

Stefano Tordiglione

出生于意大利拿波里，曾在纽约和伦敦留学工作；1991 年开始从事设计，擅长设计高端店铺、酒店、会所、私人住宅和游艇。他原是一位艺术家，丰富的艺术经验让他建立了独特的美感与设计品位。
事务所成立以来，他主理了一系列商业项目的设计，包括 Brooks Brother 专卖店，Dinh Van 珠宝店，Wellendorff 珠宝店，apple & pie 童鞋专卖店和 Sal Curioso 西班牙餐厅等。

Stewart Robertson

BAR Studio 设计总监，19 年专业的设计经验，于 2003 年创办 BAR 事务所，独自指导 BAR 事务所的每个项目，从最初的创意构想到最后的落地实现，在项目的每个阶段，都保持着活跃的参与度。Stewart 负责确保项目能够满足客户和运营商的高水准期待。他个人的建筑设计实践、强大的团队策划、组织能力，及对设计的热情和对细节的完美要求，造就了 BAR 事务所在酒店、医疗建筑上的设计成果。

邵唯晏

国立交通大学建筑研究所博士候选人，现任竹工凡木设计研究室台北总部主持人，中国北京分部及台湾台南分部之设计总监，任教于中原大学建筑系及室设系（毕制指导）。 3+1 设计联盟文创讲堂创办人；CSID 中华民国室内设计协会常务理事。除学术研究外，也积极参与国内外竞图，屡获佳绩。

沈敏良

于 2006 年创立上海沈敏良室内设计有限公司，多年来一直专注于设计给商业带来的创新与价值，作品获得诸多荣誉，认为设计的思想及状态决定了作品的高度，努力带领团队成就让人感动的作品，并倡导设计师需学习如何更好地生活，设计本身就是生活观的载体。

Thomas Dariel

上海创意设计事务所 Dariel Studio 的创始人及主创设计师。作为法国家具设计师的曾孙，爵士音乐家的孙子以及建筑师的儿子，浓厚的家庭艺术氛围是他获得灵感和动力的源泉。2006 年来到上海创立了 Dariel Studio，时年 24 岁。在所获得的诸多殊荣中，包括 2012 安德鲁·马丁国际室内设计大奖优秀设计师奖、2013 及 2015《安邸》杂志年度百位设计人才奖、2013《Perspective》杂志 40 位 40 岁以下设计人才奖等。

陶磊

TAOA 创始人，生于安徽，1997 年毕业于中央美术学院附属中等美术学校，2002 年毕业于中央美术学院建筑学院，现同时任教于中央美术学院学院。从 1997 年正式学习建筑开始，便一直参与中国的建筑实践，2010 年开始受到业界及媒体的特别关注，作品广泛发表于各种媒体及国际专业杂志，并受邀参加各种专业论坛及讲座，2012 年受到中国建筑传媒奖青年建筑师奖提名。

王宥澄(左)　郭靖（右）

高级室内建筑师，几何空间设计公司设计总监。
几何空间设计是集室内空间设计、软装陈列设计、视觉系统设计于一体的设计工作室；我们拥有专业的设计团队，专注于每一个细节，用心设计每一个空间。杜绝程序化的设计复制，为每一位客户提供专业、个性化、纯粹的空间设计及软装陈列定制方案。

王锟

深圳市艺鼎装饰设计有限公司设计总监，中国建筑装饰会员，深圳设计师协会理事，中国装饰协会会员。一直专注于餐饮娱乐、样板房及别墅会所室内设计，多次在艾特奖、金堂奖、金羊奖、中国（深圳）国际室内文化节等设计比赛中荣获重要奖项。

王黑龙

黑龙设计品牌创办人、设计总监，HLD 设计顾问（香港）首席设计师。1984 年毕业于南京艺术学院工艺美术系，师从艺术大师刘海粟先生和著名工艺美术理论家张道一院士。毕业后执掌教席，参与创办室内设计专业。历年来已经成功地完成了数百项设计项目，并获得国家、省、市级诸多奖项，成绩斐然。

王健

2004 年毕业于清华大学艺术学院环境艺术设计专业，1999 年至今工作于北京清尚建筑装饰工程有限公司。其作品“中国美术馆改造工程” 获 2004 年全国建筑工程装饰奖，2005 年度建设部部级城乡优秀勘察设计评选一等奖。“北京新保利大厦工程”获 2007 年全国建筑工程装饰奖、鲁班奖。

吴文伟（Danny Ng）

四目建筑事务所设计管理总监；
毕业于澳洲墨尔本大学建筑设计院，2009 年与合伙人 Sinner 成立四目建筑事务所；
他秉持“以设计改善人文生活”的宗旨从事多年建筑及室内设计工作、项目包括商业设计、建筑改造设计、购物中心、电影院、酒店及餐厅。近年主理设计管理事务、贯通商业考虑与设计概念、与业主积极沟通及讨论、将方案推到最佳国际水平。

吴为（Wei Wu）

室内建筑师；米兰理工大学硕士；北京屋里门外（IN·X）设计公司创始人、创意总监；北京力透（LEXTO）产品设计中心创始人、创意总监。
吴为拥有近 20 年的专业设计经验，多年来在商业空间设计方面积累了大量的成功案例与丰富的设计经验。近年来，他由室内设计延展至产品设计，完成了对设计完整性的把控，也丰富了空间设计的内涵。

伍文 Evan Wu

菲灵设计创办人、设计总监；毕业于广州美术学院展示艺术设计专业，2008 年开始从事商业空间及品牌服务工作，2013 年创办菲灵设计并担任设计总监。
曾获奖项：2014—2015 年度中国室内设计百强人物；香港 2014 年第 22 届 APIDA 亚太室内设计大奖优胜奖；中国 2014 年艾特奖（Idea-Tops）入围奖；亚太设计师联盟 2014 年 IAI 设计奖入围奖；金堂奖年度优秀办公空间设计奖。

辛明雨

现任哈尔滨唯美源装饰设计有限公司设计师，
2007 年获得全国雪雕比赛二等奖，2007 年获得中国国际雪雕比赛优秀奖，作品《领鲜海厨》2012 年收录室内设计年鉴，2013 年获得“中国优秀青年室内设计师”提名，2013 年获得“哈尔滨地区优秀青年室内设计师”称号。

徐婕媛

集美组机构设计总监，毕业于广州美术学院。
广东省高级环境艺术师，中国室内装饰协会高级室内设计师，国际设计师协会资深室内设计师 。
所获奖项：2014 年中国国际室内设计双年展金奖；第七届中国国际室内设计双年展金奖；中国室内设计年度评选·金堂奖；金羊奖 2008 年度中国十大酒店空间设计师。

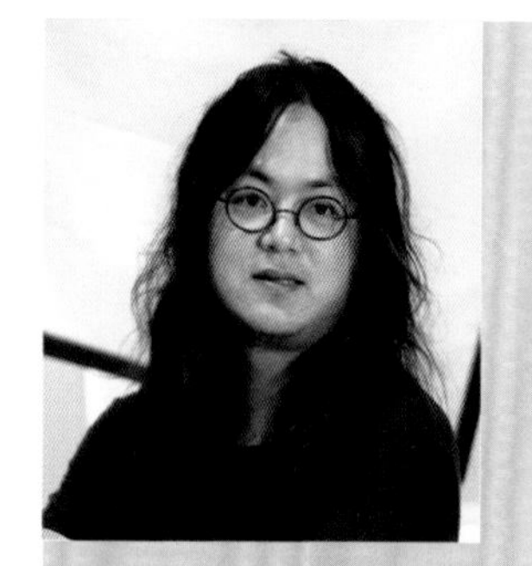

许建国

安徽许建国建筑室内装饰设计有限公司创始人及设计主持；安徽省建筑工业大学　建筑学硕士，注册高级建筑室内设计师，CIID 中国建筑学会室内设计分会会员，全球华人室内设计联盟成员。
代表作品：北大书吧、意兰亭、梅林阁、祥和百年酒店、寿州饭店、观茶天下、老龚家宴、科隆巴赫音乐餐厅等。

叶铮

上海泓叶室内设计咨询有限公司创始人，设计总监，高级室内设计师。公司成立于1999年，专门从事酒店、会所、办公等公共空间设计。长期致力于学术性与研究型发展，注重专业理论及设计方法之探究。首批入选美国 INTERIOR DESIGN CHINA《名人堂》。著有《建筑画艺术》《室内建筑工程制图》《常用室内设计家具图集》《叶铮暨泓叶室内作品集》《室内设计纲要》《概念设计——HYID 泓叶酒店设计作品集》等多部专著。

袁毅

重庆品辰装饰工程设计有限公司副总，中国建筑学会室内设计分会 CIID 成员，重庆市室内设计企业联合会（CIDEA）高级会员。部分荣誉：2015 北美“GRANDS PRIX DU DESIGN 特别大奖”；2015 年“金外滩”最佳景观设计奖；2014 年 APDC 亚太室内设计精英邀请赛商业类设计铜奖等。

杨家瑀

KLID 达观国际设计事务所合伙人及软装设计总监，东华大学室内设计系毕业，多年来一直致力于空间软装设计领域。参与设计作品多次获得国际知名设计大奖。
近期获奖：2012 年和 2014 年荣获德国红点设计大奖之红点奖；2014 年荣获德意志联邦共和国国家设计奖；2013 年荣获德国 IF 设计大奖；2013 年荣获美国 IIDA 全球卓越设计大奖；2013 年荣获美国 IDEA 国际设计优秀大奖。

扎哈·哈迪德（Zaha Hadid）

伊拉克裔英国女建筑师。
1950 年出生于巴格达，1977 年毕业获得伦敦建筑联盟硕士学位。后加入大都会建筑事务所，与雷姆·库哈斯和埃利亚·增西利斯同执教于 AA 建筑学院，后来在 AA 成立了自己的工作室，直到 1987 年。1994 年在哈佛大学设计研究生院执掌丹下健三（Kenzo Tange）教席。2004 年获得普利兹克建筑奖。

赵牧桓（Hank M. Chao）

赵牧桓室内设计研究室MOHEN CHAO DESIGN ASSOC.设计总监；出生于中国台湾，美国IES灯光设计协会会员，中国建筑学会室内设计会员，台湾室内设计协会会员。被评选为世界100大最杰出的别墅设计师、亚洲最有潜力的设计师。其设计作品被广泛收录在包括"SPA-DE" vol.4，City Interiors，100 Best House等世界主流专业设计媒体，受到包括德国、西班牙、美国、日本、澳洲、中国大陆和台湾地区等诸多设计媒体的广泛肯定及刊载。

赵睿

现任纬图建筑设计装饰工程有限公司CEO、设计总监。1994年始从事建筑及室内设计行业。公司项目涉及大型建筑规划工程建设与设计，其中包括酒店和会所，公共及私人住宅，品牌展厅策划及企业办公空间设计等等。同时不断延伸创作边界，涉足绘画，装置，家具及灯具产品设计。

周光明

朱周空间设计（上海）创始人、室内设计创意总监；荷瑟亚建筑咨询（上海）有限公司 gca architects亚太区创始合伙人；巴塞隆那加泰罗尼亚理工大学室内设计硕士。

设计哲学上以中国传统"框架"为思考脉络，空间的打造以"人"为主体，以"心"为出发，在人与空间的关系中，找到最适切的距离。

周易

周易室内设计工作室创立于1989年，并于1995年创立概念建筑工作室，设计元素主要以商业空间包含餐厅、茶馆、咖啡馆、旅馆、会馆及接待中心，居住空间以豪宅公设以及私人住宅。

郑树芬（右）

SCD香港郑树芬设计事务所设计总监，香港著名设计师，英国诺丁汉大学硕士。

"雅奢主张"开创者，中国首次获得法国"双面神"创新设计奖设计师，2013年被评为年度杰出设计师，2014年被评为"十大最具影响力设计师"。

杜恒（左）

SCD香港郑树芬设计事务所陈设艺术总监，中国十大软装配饰设计师之一，中国美术学院特聘讲师，其作品于2013年~2014年连续两年被评选为"年度最佳Best Design50"。

郑忠

CCD香港郑中设计事务所董事长，近20年的品牌酒店设计经验，以及远见卓识及坚定的设计理念，指引着CCD的发展。他一直坚信，真正成功的设计就是建筑与室内设计的完美结合。每个项目，郑先生都坚持从建筑概念设计开始就参与其中，同时，还坚持参与工程中的每一个细节工作，其丰富的经验使许多现场的问题都能迎刃而解。

曾传杰

生于中国台湾高雄市，长年致力于室内设计专业之研究，并跨足艺术、设计、建筑、风水、音乐等领域。

1996年在台湾成立班堤设计企业至今，除了在业界建立起优良的形象商誉外，近年来更协助不少商家企业，创立市场品牌，新思维与宏观的视野引领"班堤设计团队"迈向创意产业的多角化经营。

朱晓鸣（ALEX ZHU）

意内雅空间设计事务所创意总监／执行董事，毕业于浙江树人大学，主修建筑与室内环境设计。

2001年创立意内雅空间设计事务所。公司团队创立到现在，一直秉承"空间是物质的，也是精神的"的设计格言；致力于改善建筑室内外空间，优化现代人物质及精神场所品质需求而努力。

朱志康（Chu Chih-Kang）

深圳朱志康设计咨询有限公司设计总监；2007 年实践大学产品与建筑设计研究所毕业，2001 年毕业于台湾艺术学院美术系国画组。1997 年开始从事室内设计，2007 年在中国台北成立朱志康工作室，并于 2011 年在深圳成立朱志康设计咨询有限公司。多年学习国画的背景，让他对于空间尺度特别敏锐，他秉持纯粹自我的原则创立自己独特的风格。

超级番茄设计顾问公司

2011 年在中国香港成立，2014 年将总部设在深圳，立足深圳，辐射全球。由来自中国知名地产集团及全球知名设计公司的经理联合创立。以多年设计与管理的经验与专业能力为基础，力求为顾客用合适的成本、时间，创造出符合市场以及引领市场的产品。番茄作品已分布在亚太地区及北美洲（美国洛杉矶）等地区。善于整合，拥有国内外一流的专业公司资源，协同完成一个项目。

集艾室内设计有限公司

一家国际前沿的室内设计公司，致力于从事顶级商业地产、酒店及度假村、高端会所、超高层办公楼等高级定制化设计服务，项目遍布全球，其绿地集团美国西海岸最大空中展厅设计备受政府和国际媒体关注。团队成立 10 年，由 100 余位中外设计师组成，从概念的创建、项目开发以及监督等都具备专业的知识，系统化的运营模式和大型项目的管理能力，打造了一支极具行业竞争力的队伍。

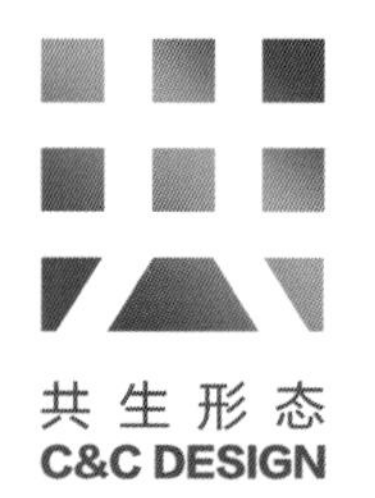

广州共生形态创意集团

"共生形态"创意集团是由广州共生形态工程设计有限公司、广州共昇合晟装饰工程有限公司、广州饰合院装饰工程有限公司和广州四合工艺品有限公司联合创办的综合性建筑室内空间与艺术创作的设计品牌。集团的核心团队由知名设计师彭征和史鸿伟先生以及一群年轻、新锐的职业设计师组成，主要为政府构、地产楼盘、大中型企业提供设计服务和咨询。"共生形态"以室内设计为主营业务，同时也参与景观规划、建筑方案、标识系统等设计项目。

HWCD建筑师事务所

HWCD 建筑师事务所是一家国际性的综合设计公司，在英国伦敦、西班牙巴塞罗那、中国上海和埃及开罗的办公室拥有近 200 名的雇员，设计专业涵盖规划、建筑、室内及景观的设计，项目类型包含住宅、办公、商业综合体及公共设施。

上海曼图室内设计有限公司

创始于 2002 年，总部位于上海，分为酒店设计，商业与办公空间设计，公寓样板设计，软装设计四个部门，具有建筑装饰工程设计专项乙级资质，主要业务范围遍布中国大陆。曼图的高层由来自不同的背景专家组成，各自具有独特的视野，致力于用不同的理念、风格以及材料，来保持设计本土化的完整性。曼图坚持既怀旧，又与当代合拍，且着眼于未来可持续发展的设计理念，开创功能性与实验性并重的设计旅程。

沈阳大展装饰设计顾问有限公司

大展设计顾问有限公司创始于 2000 年。多年来一直致力于星级酒店、娱乐会馆、房产商业及温泉度假酒店等专业室内设计。期间因不断拓展设计领域、更新设计理念、提高服务品质而获得业界瞩目。公司理念始终崇尚品质，为客户提供尖端的综合一体化设计，创造更多品牌价值。如今已拥有国际化的设计服务能力，运用深厚的专业功底结合艺术品位来诠释大众化的高雅设计。

威尔逊室内建筑设计公司

成立于 1975 年并在 1978 年成立联合公司，专注于室内建筑设计。迄今为止，公司已经为世界各地上千座酒店设计安装了超过一百万间客房。公司提供全盘室内建筑设计服务，从初步空间策划到施工图制作到施工监理。为了进一步对公司的全球客户提供最佳设计及采购资源，威尔逊室内建筑设计公司在达拉斯、纽约、洛杉矶、新加坡、上海和阿布扎比都设有分公司。